CINRAD/SA-D 双偏振天气雷达运行维护技术

主编 雷卫延

气象出版社
China Meteorological Press

内 容 简 介

本书简述了 CINRAD/SA-D 双偏振天气雷达组成和原理、软件安装与使用、产品说明等概况，结合现有《新一代天气雷达观测规定(第二版)》和《天气雷达定标业务规范》，重点介绍了双偏振天气雷达维护和定标、主要技术指标和测试方法、故障案例分析、双通道一致性标校等实用操作方法和技巧。书中配有大量简单易懂的维修操作图，凝聚了雷达保障技术人员的宝贵经验。

本书可作为双偏振天气雷达培训教材，也可作为雷达保障人员维修指南，用以指导双偏振天气雷达的运行维护，具有很强的可操作性，是一本兼顾雷达例行维护和维修保障的技术性参考书籍。

图书在版编目(CIP)数据

CINRAD/SA-D 双偏振天气雷达运行维护技术 / 雷卫延
主编. — 北京：气象出版社，2019.7
  ISBN 978-7-5029-7015-4

Ⅰ.①C… Ⅱ.①雷… Ⅲ.①偏振-天气雷达-运行
②偏振-天气雷达-维修 Ⅳ.①TN959.4

中国版本图书馆 CIP 数据核字(2019)第 161650 号

CINRAD/SA-D Shuangpianzhen Tianqi Leida Yunxing Weihu Jishu
CINRAD/SA-D 双偏振天气雷达运行维护技术
雷卫延 主编

出版发行：气象出版社			
地 址：北京市海淀区中关村南大街 46 号		**邮政编码**：100081	
电 话：010-68407112(总编室) 010-68408042(发行部)			
网 址：http://www.qxcbs.com		**E-mail**：qxcbs@cma.gov.cn	
责任编辑：刘瑞婷		**终 审**：吴晓鹏	
责任校对：王丽梅		**责任技编**：赵相宁	
封面设计：博雅思企划			
印 刷：北京中石油彩色印刷有限责任公司			
开 本：787 mm×1092 mm 1/16		**印 张**：10.75	
字 数：280 千字			
版 次：2019 年 7 月第 1 版		**印 次**：2019 年 7 月第 1 次印刷	
定 价：59.00 元			

《CINRAD/SA-D 双偏振天气雷达运行维护技术》
编写组

顾　问：敖振浪　虞海峰

主　编：雷卫延

副主编：王明辉　胡伟峰　杨立洪　周钦强

编　委：谭晗凌　刘艳中　黄宏智　张亚斌

　　　　郭泽勇　李建勇　徐黄飞　张艺腾

　　　　周嘉健　黄海珵　吕玉嫦　黄卫东

　　　　黎德波　高必通　罗　鸣　李少远

　　　　刘亚全　邝家豪　钟震美　郭春辉

　　　　贺汉清　黄　彬　黄裔诚　刘家冠

　　　　韦汉勇　滕　超　巫　乔　董根铭

序

近 20 年来，我国已经建成 200 多部新一代天气雷达（CINRAD），其覆盖范围达全国人民主要聚居区，在短时临近预报、防灾减灾中作用非凡，极大地降低了气象灾害对国家和人民造成的生命财产损失。随着科技进步，以美国为代表的先进国家通过试验和应用证明了双偏振技术在天气雷达中的优势作用。

工欲善其事，必先利其器。为紧跟前沿技术，推动我国雷达气象事业的发展，广东省于2014 年在清远建成了全国第一部国产双偏振天气雷达，同年开始对 CINRAD/SA 新一代天气雷达进行双偏振升级，目前拥有河源、梅州、阳江、广州、清远、汕尾、深圳、汕头、韶关、湛江、珠海共 11 部 CINRAD/SA-D 双偏振天气雷达，构成了全国最大的双偏振天气雷达观测网。另外，上川岛已完成雷达站选址，将新建 1 部 CINRAD/SA-D 双偏振天气雷达。

CINRAD/SA-D 双偏振天气雷达在 CINRAD/SA 雷达基础上做了大量升级，馈线和接收机由原来的一路改为两路，雷达实现水平波束和垂直波束的双发双收；接收机保护器、低噪声放大器组件移至机房内，基本运行在恒温恒湿环境；RDASC 软件拓展了对两个通道的定标功能，增加了双通道一致性测试能力；PUP 软件开发了 Z_{dr}，$\varPhi_{dp}$，CC 等双偏振产品。由于硬件和软件的较大变化，一些针对 SA 雷达的定标技术和维护维修方法不再完全适用 CINRAD/SA-D 双偏振天气雷达，雷达站技术人员缺少一套完整的、有针对性的技术手册，亟需对 CIN-RAD/SA-D 双偏振天气雷达日常运行维护内容、测试定标技术进行详细描述的操作指南，《CINRAD/SA-D 双偏振天气雷达运行维护技术》应运而生。

本书从双偏振技术原理入手，着重讲解了 CINRAD/SA-D 双偏振天气雷达的业务维护内容和方法，以及全部重要指标参数的测量和标定技术，并对双偏振产品作了简单介绍。本书是目前为止针对 CINRAD/SA-D 双偏振天气雷达的第一种运行维护技术专著，可作为 CIN-RAD/SA-D 双偏振天气雷达运行保障的指南，也可以作为相关技术人员的培训教材。

我衷心希望本书能够成为广大的 CINRAD/SA-D 双偏振天气雷达运维技术人员的案头书，在雷达的业务维护中发挥重要作用，为推动我国气象雷达技术发展、提高雷达气象预报水平做出贡献。

二级正研高工　敖振浪
2019 年 1 月

前　言

　　中国气象局在引进美国 WSR-88D 的基础上,主导研制了我国新一代天气雷达(CIN-RAD)。新一代天气雷达服役以来,成为台风、暴雨等强对流天气的重要观测手段,也是支撑短时临近天气预报的主要工具,在近年来的气象防灾减灾中取得了显著成效。然而新一代天气雷达只能以水平极化进行探测,对气象目标、降水类型的识别能力依然有局限。随着技术进步,同时进行双极化探测的双偏振天气雷达展现出更为优异的观测能力。

　　2007 年,美国正式启动全国范围的天气雷达双偏振升级工作,并于 2013 年完成全国业务天气雷达的双偏振升级。广东省紧跟世界领先技术前沿,在全国范围内率先开展对新一代天气雷达的双偏振升级工作。截至 2018 年底,在全省已经建成 CINRAD/SA-D 双偏振天气雷达 11 部,基本实现全省覆盖,与美国的差距缩短至 5 年。CINRAD/SA-D 双偏振天气雷达在 CINRAD/SA 新一代天气雷达基础上升级而来,硬件和软件都有较大程度的变化,原来的测试定标技术和维护维修方法已经不再完全适用。为提高已建成的双偏振天气雷达运行维护水平和观测数据质量,同时为全国性的新一代天气雷达双偏振升级奠定基础,广东省气象探测数据中心组织双偏振天气雷达保障一线技术人员、雷达生产厂家技术专家,编写完成了《CIN-RAD/SA-D 双偏振天气雷达运行维护技术》。参与编写的成员包括广东省气象探测数据中心的雷卫延、王明辉、谭晗凌、刘艳中、黄宏智、李建勇、徐黄飞、张艺腾、周嘉健、黄海瑄、吕玉嬙,河源市气象局的胡伟峰,梅州市气象局的杨立洪、贺汉清、黄彬,茂名市气象局的周钦强,阳江市气象局的郭泽勇,汕尾市气象局的黄卫东,广州市气象局的黎德波,清远市气象局的李少远、高必通,深圳市气象局的罗鸣,汕头市气象局的黄裔诚、刘家冠,韶关市气象局的刘亚全、巫乔、董根铭,湛江市气象局的邝家豪,肇庆市气象局的钟震美、郭春辉,珠海市气象局的韦汉勇、滕超,北京敏视达雷达有限公司的张亚斌。广东省气象探测数据中心的敖振浪二级正研级高工、北京敏视达雷达有限公司的虞海峰经理作为顾问专家,对本书的规划和技术内容把关做出了重要贡献。

　　本书共分 8 章,内容主要包括 CINRAD/SA-D 双偏振天气雷达主要技术特点、业务运行维护要求及方法、主要技术指标的测试方法、软件功能和安装配置方法、双偏振产品介绍、常见故障、双通道一致性标校等。第 1 章概述了双偏振天气雷达的国内外发展状况,分析了广东省新一代天气雷达升级为双偏振天气雷达的技术优势。第 2 章描述了 CINRAD/SA-D 双偏振天气雷达的系统结构组成,对双偏振工作机制和双偏振信号处理特点做了介绍。第 3 章详细讲解了双偏振天气雷达的业务维保工作,包括日巡查、月维护、年维护、年巡检的主要内容和维护定标方法。第 4 章描述了双偏振天气雷达系统指标测量中的常用仪表及发射机、接收机、天馈系统等主要部件的关键技术指标和测试方法。第 5 章对雷达软件的功能和安装配置流程作了详细描述。第 6 章简要介绍了新一代天气雷达升级为双偏振雷达后获得的双偏振产品及其在天气预报中产生的积极作用。第 7 章分类汇总了广东省双偏振天气雷达运行几年来发生的故障,对故障的定位和解决方案提供参考。第8章讲述了双偏振雷达水平和垂直双通道的一致性标校方法,对双偏振天气雷达性能指标进行验证。

　　本书在编写过程中参考了近年来的相关论文、专著,也吸收了一些双偏振天气雷达培训素材,由于取材广泛,难以一一列出引用,在此对上述作者和单位一并深表感谢!本书的编写得到了广东省气象局、北京敏视达雷达有限公司和河源、梅州、阳江、广州、清远、汕尾、深圳、汕头、韶关、湛江、肇庆、珠海天气雷达站的大力协助和支持,在此表示衷心感谢。

　　由于编者水平有限,书中难免有所疏漏,欢迎读者批评指正。

编者
2019 年 1 月

目　　录

第 1 章　双偏振雷达概述

双偏振多普勒天气雷达（下文简称为"双偏振雷达"）与常规单偏振雷达相比，不仅拥有对台风、暴雨、飑线、冰雹、龙卷等灾害天气监测预警的能力，在定量估测降水、水成物粒子相态识别、数据质量控制等方面也具有重要的业务应用价值。

1.1　国内外发展状况

Seliga 和 Bringi(1976)于 1976 年提出了双偏振雷达的两种工作机制，一种是交替发射/接收机制，另一种是同时发射/接收机制。受当时的技术水平限制，早期研制生产的双偏振雷达均采用的交替发射/接收机制。但是采用交替发射/接收机制的双偏振雷达存在天线扫描速度慢、水平脉冲采样数少（仅为常规单偏振雷达的一半）、探测性能较低等缺点。

1997 年，美国 CSU-CHILL 雷达采用了双发射机和双接收机的技术（即"双发双收技术"），首次实现了同时发射/接收机制双偏振雷达的实际应用。随后，同时发射/接收机制的双偏振雷达技术引起了气象学界的关注，双偏振雷达技术也开始从技术研究向业务应用转移。美国于 1996 年完成天气雷达（NEXRAD WSR-88D）的全国布网后，就开始了对天气雷达进行双偏振技术升级的工作。2002 年春季，在美国国家气象局、联邦航空管理局和空军气象局的共同支持下，美国国家强风暴实验室组织并完成了对位于俄克拉何马州 WSR-88D 天气雷达的双偏振升级改造工作，将其改造升级为采用同时发射/接收机制的双偏振雷达。该雷达采用单发射机/双接收机技术，由功分器将发射机输出的发射波等分为水平极化波和垂直极化波，并分别沿两个发射通道传输。同时，该雷达还保留了原有的水平极化探测功能，更改探测模式只需要拨动电控波导开关，就可以将发射机输出的发射波不经功分器而直接进入水平极化波发射通道，实现单个水平极化探测功能。2002 年春季至 2003 年秋季，美国国家强风暴实验室对俄克拉何马州的双偏振雷达进行了 15 个月的联合极化测试实验，完成了长时间的数据收集和业务化验证工作。2007 年，美国开启了天气雷达网络整体的双偏振升级工作，并于 2013 年完成了业务雷达网 160 部 S 波段天气雷达的升级工作。欧洲、加拿大、澳大利亚等地区和国家也在进行双偏振雷达的改造和布网工作，其中德国完成了 16 部 C 波段双偏振雷达的升级工作，芬兰、加拿大、澳大利亚等国家也开展了双偏振雷达的改造升级和新建工作。

目前，我国双偏振雷达主要包括 S 波段、C 波段和 X 波段。20 世纪 80 年代末，中国科学院兰州高原大气物理研究所（现称"中国科学院寒区旱区环境与工程研究所"）将 C 波段 713 天气雷达改造升级为采用交替发射/接收机制的双偏振雷达，并利用该雷达进行了大量科学研究实验，获得了许多重要研究成果。中国电子科技集团第十四研究所、安徽四创电子股份有限公司以及成都锦江电子系统工程有限公司等单位都研制了双偏振雷达，其产品分别应用于国内各个单位。但是我国的双偏振雷达系统尚未开展统一业务化升级改造,总体上与国外还有较大差距。根据《全国气象发展"十三五"规划》,中国气象局计划在 2016—2020 年,对部分新一代天气雷达进行双偏振技术升级,目的是为了提高我国对中小尺度灾害天气和台风的监测预警能力。随后,通过开展双偏振雷达组网观测试验,为我国新一代双偏振雷达技术机制、观测模式、标定方法、资料应用等提供重要的参考依据。

1.2 广东发展历程

广东省是我国经济最为活跃的地区之一,人口密度大,暴雨、强对流、台风等灾害性天气频发,因此,广东对精细化天气预报服务的防灾减灾需求强烈。截至 2018 年底,广东省已建立由 12 部天气雷达组成的监测网(11 部双偏振雷达,1 部单偏振雷达),对强对流、冰雹、强降水等灾害性天气监测和短时临近预警发挥着极其重要的作用。

2014 年我国首部 S 波段双偏振天气雷达在珠海建成并投入使用,自此广东省加快了全省 S 波段双偏振天气雷达的建设和升级改造工作,目前已形成由珠海、清远、韶关、广州、阳江、梅州、汕头、湛江、深圳、河源、汕尾等 11 部雷达组成的双偏振雷达观测网,预计 2020 年前完成肇庆单偏振雷达的双偏振技术升级,届时广东省将全面开启双偏振雷达组网观测和应用的新征程。

1.3 双偏振雷达特点

1.3.1 双偏振升级的优势

通过对双偏振雷达部分硬件、系统标定方法、信号处理算法等进行优化升级,能够有效地提高反射率测量精度、更好地消除地物杂波、极大地降低系统相位噪声,使得观测数据和产品质量得到提高。

1. 双偏振雷达的优势

(1)双偏振数据能够更好地描述粒子的尺寸、形状、降水类型。

(2)能够区分气象和非气象回波,并能够更好地去除异常传播、地物及海杂波等非气象回波。

(3)双偏振雷达提高了系统的标定水平和数据质量,且能够过滤非气象回波的影响,更准确地估计降水和降雪。

(4)使得探测和预警冰雹更加容易和准确。

(5)产品距离分辨率由 1000 m 提高到 250 m。

2. 数据质量明显提高

(1)系统设计和标定的精度提高(幅度和相位)。

(2)Burst 订正提高改善信号质量,提高地物抑制能力。

(3)相位编码过滤二次回波。

（4）数据分辨率提高（250 m 距离库）。

1.3.2　双偏振技术升级对业务影响

为了满足广东省业务应用的要求，即双偏振雷达必须能够输出与单偏振相同的基数据和产品，并且与目前单偏振雷达业务保持兼容，同时又能够输出双偏振特有数据格式的基数据和产品。因此，广东省新建和升级改造的双偏振雷达均采用了由敏视达公司自主研发的 WRSP 信号处理器，在能满足业务应用的同时，更好地对双偏振产品进行应用。

1.4　双偏振技术升级

广东天气雷达双偏振技术升级实施进度：2014—2017 年相继建成珠海、清远、深圳双偏振雷达，2015—2018 年陆续完成韶关、广州、阳江、梅州、汕头、湛江、河源、汕尾等雷达的双偏振升级改造，肇庆雷达预计 2020 年前完成双偏振升级改造。

双偏振雷达收发模式采用成熟的、业务上广泛应用的同时发射/同时接收体制：即发射时将一台发射机的输出功率由无源功分器将其进行功率等分后同时输出到水平和垂直发射通道；接收时两路接收通道同时接收。

1. 双偏振技术升级内容

如表 1-1 所示，其关键技术包括：

（1）天线波束一致性和隔离度；

（2）双通道幅度和相位一致性；

（3）双偏振标定技术；

（4）数字中频和信号处理；

（5）气象产品算法；

（6）产品验证及应用。

表 1-1　天气雷达双偏振技术升级内容

项目	升级内容	性能和质量升级
天线罩	无变化	
天线和伺服	直流伺服系统升级为交流系统	稳定性、可靠性有所提高
馈线系统	单水平支路升级为水平＋垂直双支路	支持在线切换单双偏振模式
发射机	增加实时信号采样通道	相噪/地物抑制指标提高；功率稳定度提高；极限改善因子提高
接收机	由单通道升级为双接收通道	双通道一致性好，接收机增益更稳定
数字中频	单通道升级为四通道处理	动态范围扩大；灵敏度提高
信号处理	多普勒算法升级为双偏振信号处理算法	动态杂波识别和过滤；相位编码解距离模糊；多阶算法计算相关系数；海杂波过滤
标定系统	增加标定通道	提高了标定的精度和稳定性
气象雷达软件	单偏振数据处理扩展为双偏振数据处理系统	升级为全 Linux 平台，兼容单偏振，扩展双偏振

2. 双偏振数据质量改进及应用

(1)改进回波强度量化准确性；

(2)改进回波强度数据精细度；

(3)改进弱回波探测灵敏度；

(4)改进地物杂波/超折射滤波能力；

(5)改善了非气象回波识别、定量降水估计、强对流天气预警等方面的应用。

3. 双偏振技术升级前后主要技术指标

如表 1-2 所示。

表 1-2　天气雷达双偏振技术升级前后主要指标对比

	主要参数	单偏振雷达	双偏振雷达	国际典型值
单偏振主要指标	接收机动态范围	$\geqslant$85 dB	$\geqslant$115 dB	$\geqslant$95 dB
	接收机灵敏度	$\leqslant$−112 dBm@0.6 MHz	$\leqslant$−114 dBm@0.6 MHz	$\leqslant$−114 dBm@0.6 MHz
	相位噪声	$\leqslant$0.15°	$\leqslant$0.06°	$\leqslant$0.10°
	数据分辨率	1000 m	250 m	$\leqslant$250 m
双偏振主要指标	波束宽度一致性	无	$\leqslant$0.1°	$\leqslant$0.1°
	双通道隔离度	无	$\geqslant$35 dB	$\geqslant$35 dB
	双通道幅度一致性	无	$\leqslant$0.2 dB	$\leqslant$0.2 dB
	双通道相位一致性	无	$\leqslant$3°	$\leqslant$3°
	相关系数 CC	无	误差$\leqslant$0.01	$\leqslant$0.01
	差分反射率 Z_{dr}	无	误差$\leqslant$0.2 dB	$\leqslant$0.2 dB
	差分传播相移 Φ_{dp}	无	误差$\leqslant$3°	$\leqslant$3°

第 2 章　双偏振雷达系统组成和原理

2.1　系统组成

　　CINRAD/SA-D 双偏振雷达综合了先进的雷达技术、计算机技术和通信技术，系统组成如图 2-1 所示。双偏振雷达系统总体上分为三大部分：雷达数据采集（RDA）、产品生成（RPG）、用户终端（PUP）。

　　雷达数据采集（RDA）：双偏振雷达主要硬件都集中在这一部分，包括天线、天线罩、馈线、天线座、伺服系统、发射机、接收机、信号处理器等。软件部分包括 RDASC，用于控制雷达运行、数据采集、参数监控及误差检测、自动标定等。

　　产品生成（RPG）：雷达产品生成从 RDA 接收基本数据，对这些数据使用气象算法处理后生成基本产品和导出产品，然后存储，并按照要求将这些产品传输给所有用户，RPG 还可以通过单元控制平台（UCP）对 RDA 进行遥控并监视系统状态。

　　用户终端（PUP）：PUP 是双偏振雷达系统的用户操作终端，将 RPG 生成的气象产品格式化图形化，它提供对 PUP 的控制以及对气象产品的请求/显示。PUP 从 RPG 接收气象产品，并将对指定的气象产品进行编辑、注释、显示处理、分配、存档；将气象产品在显示器上显示出来或者将图形产品打印出来。

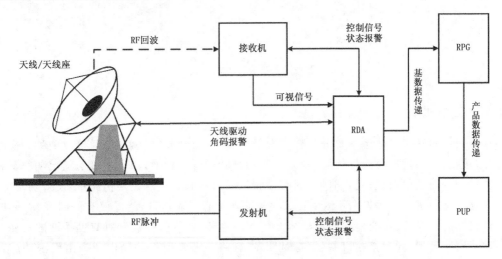

图 2-1　双偏振雷达系统组成

2.2 工作原理

S 波段双偏振多普勒天气雷达采用高稳定度频率源、双通道大动态范围数字中频接收机、低副瓣双偏振天线、可编程数字信号处理器、实时图像终端等新技术和工艺,具有灵敏度高、可靠性强、使用维护方便等特点。系统连续运行时能在预置的扫描策略控制下覆盖一个体积空间,采集空间气象信息并提供气象评估数据。

2.2.1 极化方式

双极化雷达是指在极短的间隔中发射水平(H)、垂直(V)极化波脉冲,并同时接收 H,V 回波。因此,它既记录了相干回波信号的振幅变化,又记录了不同极化回波间的相位变化(即相位差)。CINRAD/SA-D 双偏振雷达采用正交线性的极化方式,如图 2-2 所示。

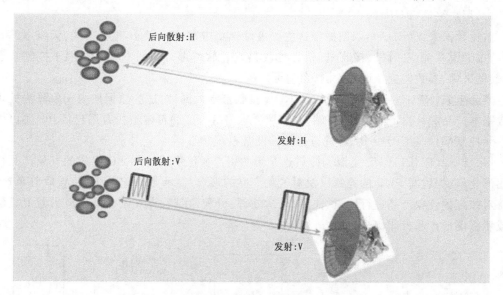

图 2-2 双偏振极化方式

2.2.2 工作机制

双线偏振雷达工作体制主要分为交替发射/同时接收和同时发射/同时接收两种。交替发射/同时接收机制:发射时期,通过控制大功率微波转换开关切换,将发射机的输出功率交替地送往水平和垂直发射通道;接收时期,两路接收机同时接收。优点是结构简单、发射功率大;缺点是大功率有源极化开关寿命不长,开关转换期数据不正确,测速范围仅有同时发射/同时接收工作机制的一半,两正交偏振回波信号之间相关性差,水平偏振波和垂直偏振波的观测对象不一致。同时发射/同时接收机制:发射时期,通常将一台发射机的输出功率由无源功分器将其进行功率等分后同时输出到水平和垂直发射通道;接收时期,两路接收机同时接收。优点是两正交偏振回波信号之间相关性好、效率高,工程上容易实现,未用大功率微波开关寿命长;缺点是每个通道发射功率仅为发射机输出功率的一半,对雷达威力有所影响。这与美国业务运行的双偏振雷达均采用同时发射/同时接收的工作体制相同。我国上海原装进口的 WSR-88D 升级改造双偏振雷达,珠海－澳门双偏振雷达均是同时发射/同时接收的体制。目前,国内天气雷达生产厂家主要有北京敏视达雷达有限公司、安徽四创电子股份有限公司、成都锦江电子工程有限公司等,均已具备生产交替发射/同时接收、同时发射/同时接收双偏振天气雷达的能力,且技术较为成熟。为保证广东新一代天气雷达双偏振升级改造后的工作体制与国际接轨,便于与珠海－澳门双偏振天气雷达组网观测,广东新一代天气雷达双偏振升级改造拟采用同时发射/同时接收体制,即一台发射机,两路接收机和两路信号处理。

2.2.3　系统主要部件工作原理

　　发射机、接收机通道、接收系统测试信号、天馈线的工作原理框图分别如图 2-3、图 2-4、图 2-5、图 2-6 所示。

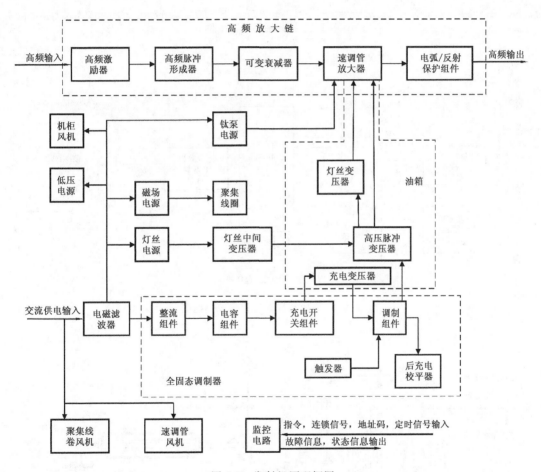

图 2-3　发射机原理框图

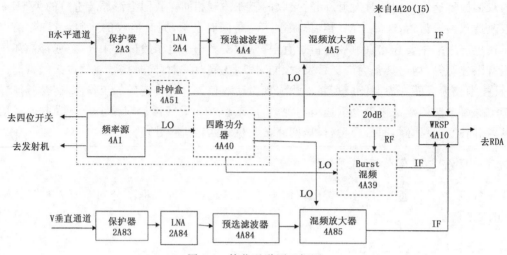

图 2-4　接收通道原理框图

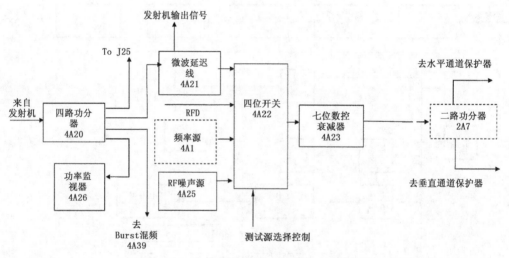

图 2-5　接收系统测试信号原理框图

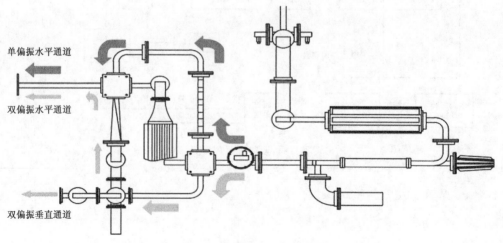

图 2-6　馈线系统工作示意图

2.2.4　信号处理

　　双偏振信号处理部分由 WRSP 型信号处理器和信号处理软件组成。WRSP 型信号处理器高度集成,代替原单偏振雷达 A/D 转换模块、下变频转换组合、PSP & HSP 信号处理板的数字中频部分。

　　双通道信号经处理后除得出 Z,V,W 三种单偏振基本参量外,同时生成 Z_{dr},Φ_{dp},K_{dp},CC、L_{dr} 等双偏振参量,通过宽带通信送到产品分析计算机处理,生成多种气象应用的产品。

第 3 章　双偏振雷达维护及定标

3.1　日巡查

3.1.1　系统标定常数检查

在 RDASC 软件"性能数据"菜单的标定 2 项可以查看,其中脉冲 1 为窄脉冲 SYSCAL,脉冲 2 为宽脉冲 SYSCAL,如图 3-1。在标定结束后会将数据保存到自动生成的 Calibration 文件中,SYSCAL 的值即为系统标定常数,如图 3-2。在工作日志记录,并对比查看雷达性能是否稳定。特别留意雷达系统执行 8 h 标定项目时才生成该记录,如果雷达同步运行,体扫间不执行该项标定,开机后该参数数值保持不变。

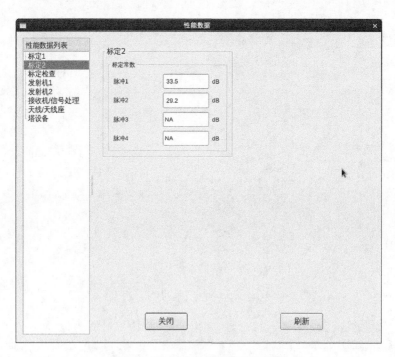

图 3-1　RDASC 查看系统标定常数

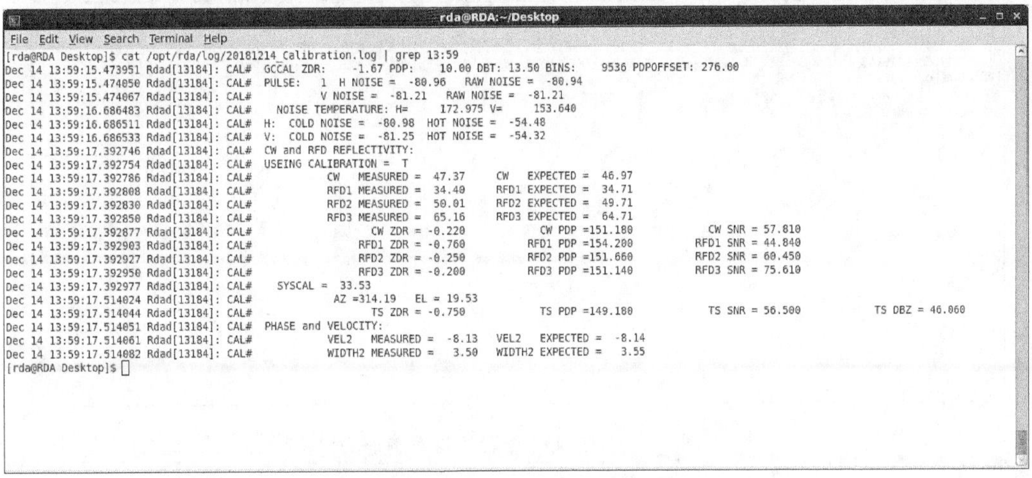

图 3-2 日志文件查看系统标定常数

3.1.2 地物对消能力检查

在 RDASC 软件"性能数据"菜单的标定检查项可以查看,如图 3-3。在标定结束后会将数据保存到自动生成的 Calibration 文件中,"UNFILTERED POWER"和"FILTERED POWER"的值即为地物对消能力,如图 3-4。在工作日志记录,并对比查看雷达性能是否稳定。

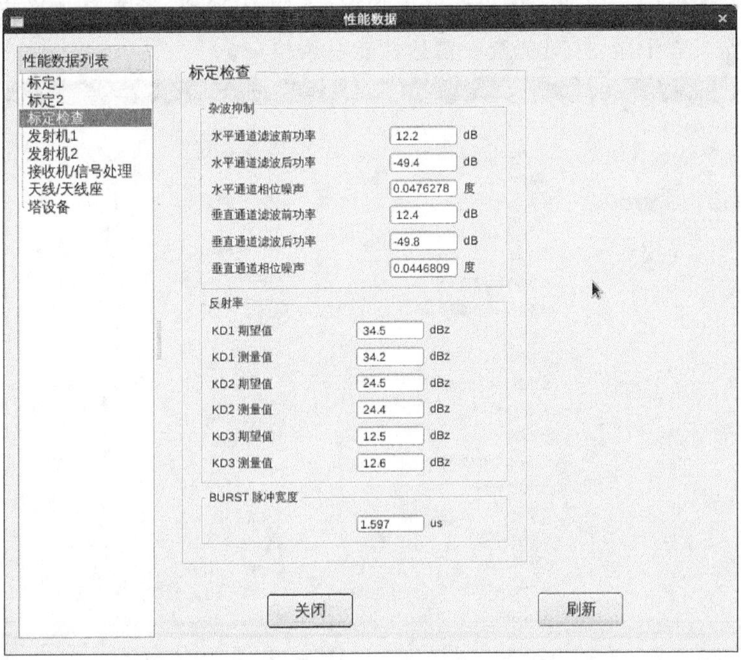

图 3-3 RDASC 查看地物对消能力

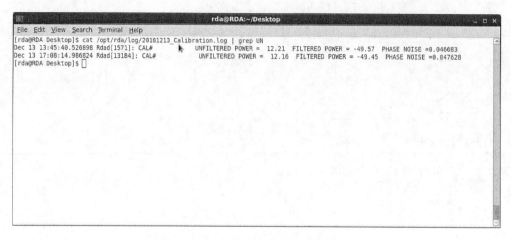

图 3-4　日志文件查看地物对消能力

3.1.3　发射机/天线峰值功率检查

　　日巡查主要检查机内发射机峰值功率。指标要求雷达发射机峰值功率不低于 650kW,如功率低于指标要求则需进行调整。RDASC 软件每个体扫自动监测发射机输出功率,在软件"性能数据"菜单的发射机一项可以查看发射机峰值功率和天线峰值功率,如图 3-5。在标定结束后会将数据保存到自动生成的 Status 文件中,"TRANSMITTER PEAK POWER"的值即为发射机峰值功率,"H CHAN ANTENNA PEAK POWER"和"V CHAN ANTENNA PEAK POWER"的值即为双通道的天线峰值功率(不同 RDASC 版本日志格式可能不一样),如图3-6。在工作日志记录,并对比查看雷达性能是否稳定。

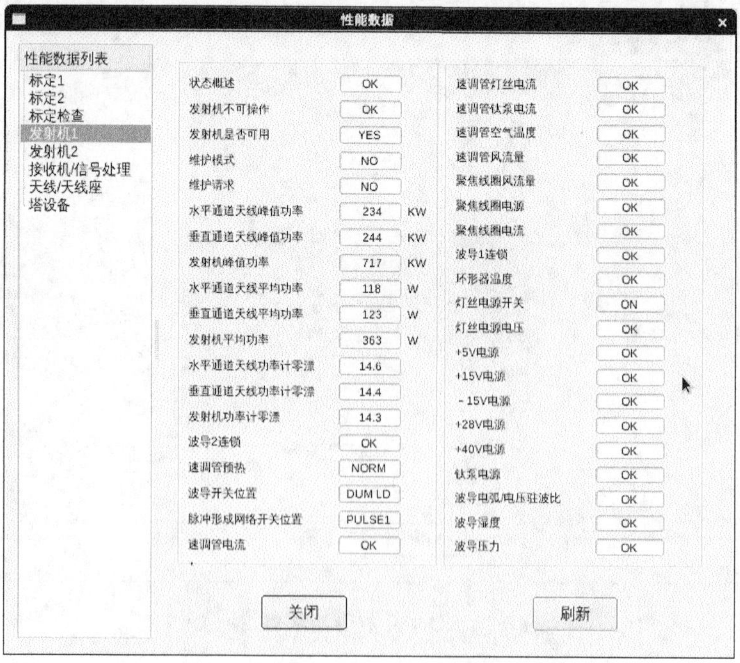

图 3-5　RDASC 查看发射机峰值功率和天线峰值功率

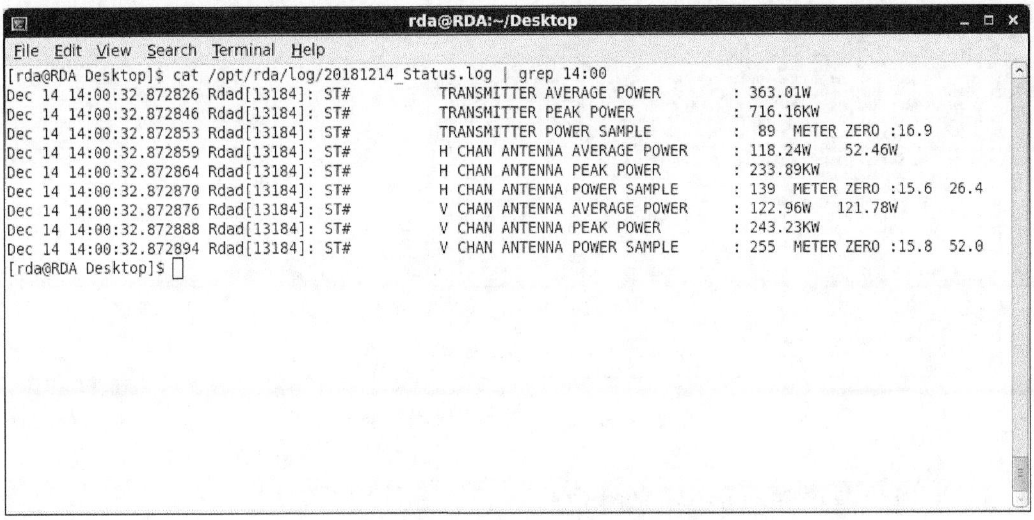

图 3-6　查看发射机峰值功率和天线峰值功率

3.1.4　系统噪声温度检查

在 RDASC 软件"性能数据"菜单的接收机/信号处理器项可以查看,如图 3-7。在标定结束后会将数据保存到自动生成的 Calibration 文件中,"NOISE TEMPERATURE"的值即为系统噪声温度,如图 3-8。在工作日志记录,并对比查看雷达性能是否稳定。

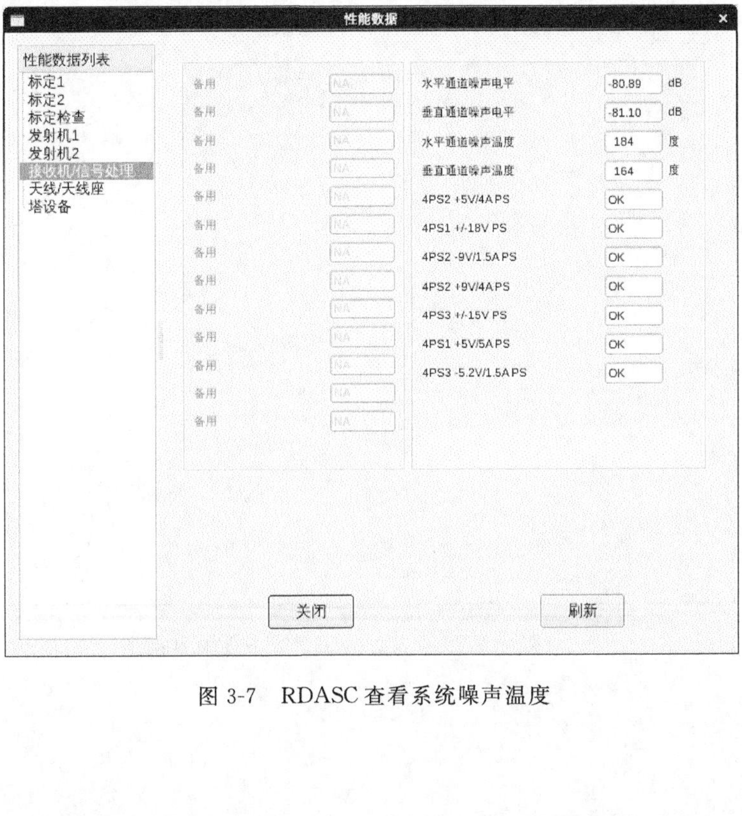

图 3-7　RDASC 查看系统噪声温度

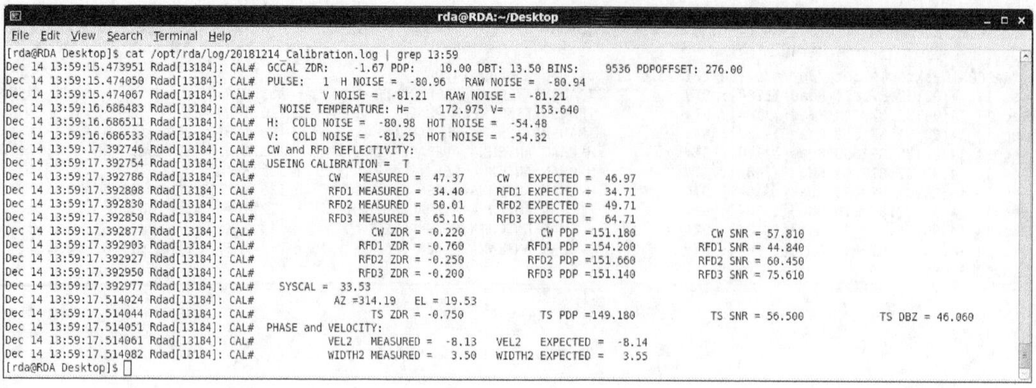

图 3-8　日志文件查看系统噪声温度

3.1.5　发射机温度和机房温湿度检查

在 RDASC 软件"性能数据"菜单的塔设备项可以查看,如图 3-9。在标定结束后会将数据保存到自动生成的 Status 文件中,文件中"XMTR AIR TEMPERATURE"的值即为发射机温度,"SHELTER TEMPERATURE"的值即为机房温度(目前虽然增加了机房湿度探测功能,但没有记录机房湿度到日志文件),如图 3-10。在工作日志记录,并对比查看雷达性能是否稳定。

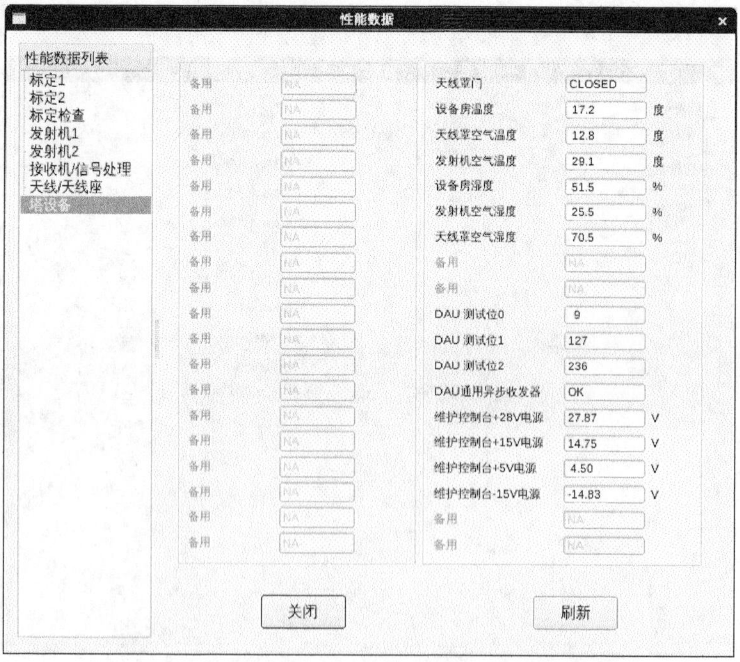

图 3-9　RDASC 查看发射机温度、机房温度和湿度

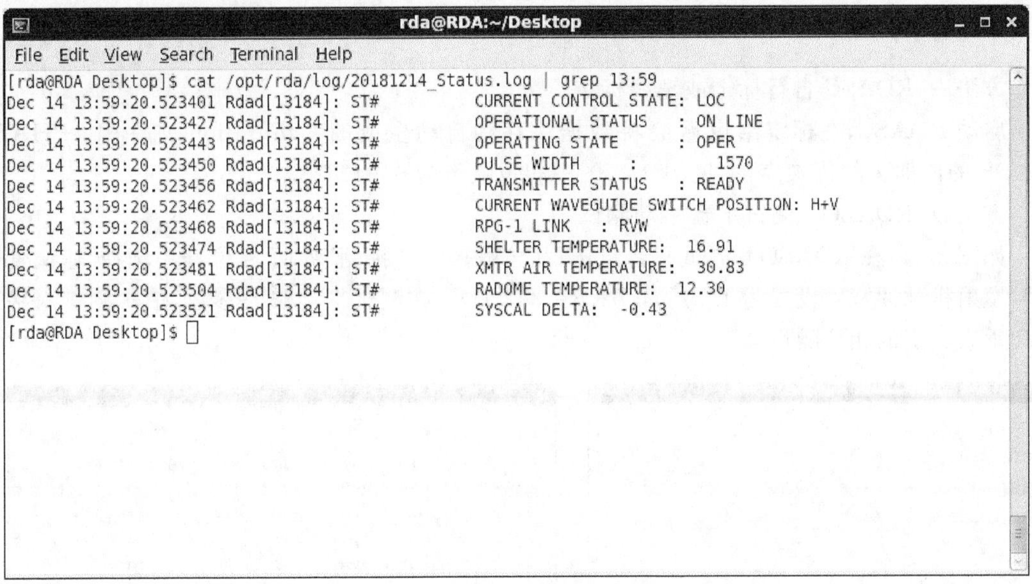

图 3-10　日志文件查看发射机温度、机房温度

3.1.6　业务计算机检查

检查雷达业务计算机(RDA,RPG,PUP)系统和软件运行情况,保证各机之间通信正常,数据产品生成、传输正常;检查各计算机的时间,确保向校时服务器自动校时;检查计算机磁盘空间和雷达数据存储是否正常。

3.1.7　运行环境检查

检查机房空调及除湿系统工作是否正常。检查 UPS,在 UPS 控制面板读取输入电压、输入电流、输出电压、输出电流、输出频率并记录。

3.2　周维护

3.2.1　噪声系数

指标要求:双接收通道均满足≤3.0 dB,且差异≤3.0 dB。接收机噪声系数可用外接噪声源和机内噪声源两种方法测量,受仪器限制,台站一般采用机内测试,但两种方法测量的差值应≤0.2 dB。在 RDASOT 测试平台修改参数,依次测量水平通道和垂直通道的噪声系数。

机内测试方法:(1)噪声温度(TN)可在"性能数据"菜单的接收机/信号处理器项中查看,参见图 3-7。(2)利用换算公式为 $NF=10\lg[TN/290+1]$ 将噪声温度转换为噪声系数(TN:噪声温度,NF:噪声系数),也可利用软件 prjMain.exe(输入噪声温度即可)来计算。

3.2.2　相位噪声

方法一：RDASC 自行标定或离线标定。

启动 RDASC，在标定结束后会将数据保存到自动生成的 Calibration 文件中，PHASE NOISE 的值即为相位噪声，参见图 3-4，图中相位噪声为 0.047628°。

方法二：RDASOT 测试平台手动测试。

如图 3-11，在 RDASOT 测试平台点击"相位噪声"→"控制"界面，4 位开关选择"速调管输出"，发射机脉冲宽度设置为 1.57 us，$PRF=322$ Hz。在测试平台修改参数，依次测量水平通道和垂直通道的相位噪声。

图 3-11　相位噪声测量方法二

发射机置于手动、本控状态，手动加高压。软件"相位噪声"→"结果"进入测试界面，手工点击一次"测试"测量一次，可以依次得到相位噪声、滤波前功率、地物抑制、滤波后功率。

3.2.3　雷达强度/速度自动标校检查

1. 反射率强度定标方法

利用机内信号源对回波强度定标检验，测试方法如下：运行 RDASOT 测试平台的"反射率标定"，选择"标定"，选择"机内"，点击"开始"，RDASOT 自动运行标定程序，找出实测值与期望值的最大差值（各 Delta 行）即可，如图 3-12 所示。在测试平台修改参数，依次对水平通道和垂直通道的反射率强度定标。

2. 径向速度定标检验

采用机内测试信号经移相器后注入接收机，变化每次发射脉冲时的注入信号初相位对雷达测速定标进行检验。运行 RDASC，在"性能数据"中的"标定 1"中查找速度项，如图 3-13 所示。

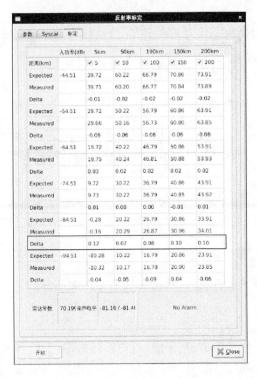

图 3-12　反射率强度标定

最大差值（dBZ）：<u>0.12</u>。

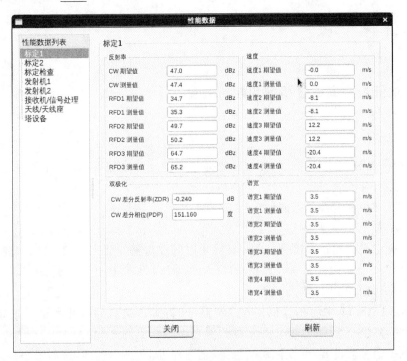

图 3-13　径向速度和谱宽定标检验

径向速度定标检验结果填最大值：<u>0.0 m/s</u>。

3. 速度谱宽检验

应用机内测试信号相位的变化对速度谱宽进行检验。在"性能数据"中的"标定 1"中查找谱宽项,如图 3-13 所示。

速度谱宽检验填写最大差值:<u>0.0 m/s</u>。

3.2.4　钛泵电流和灯丝电流

雷达运行时,在发射机 3A1 控制面板上读电流表示数。正常情况下,钛泵电流接近 0 A,灯丝电流 26～28 A 左右(灯丝工作电流数值查看速调管铭牌标称值)。

3.2.5　天线检查

检查天线在体扫、俯仰工作时有无异常响声,若有应立即停机处理。

3.2.6　业务计算机检查

检查雷达备份通信系统是否正常,状态信息是否正常备份。

3.2.7　运行环境检查

检查雷达机房工作环境是否清洁、干燥,打扫雷达机房、天线罩内卫生,清洁发射、接收、监控机柜。检查 UPS 蓄电池电压,若电压过低,要查明原因并及时充电。检查雷达及配套基础设施供电设备运行情况。

3.3　月维护

3.3.1　雷达天线空间位置精度和控制精度

3.3.1.1　位置精度

利用太阳的回波强度判定天线方位和俯仰角度的经纬度偏差,以保证在回波图上能正确显示回波的位置。

指标要求:方位和俯仰角指向误差均≤0.05°。

1. 测试方法

(1)首先确定天线能正常运行,RDA 计算机时间要保持与北京时间一致,必要时可拨打电话区号+12117 与北京时间对时并调整 RDA 时间,由于太阳法受太阳角度影响,一般在太阳角度为 20°～50°做太阳法标定。

(2)运行 RDASOT 中的"太阳法",选择"设置"将雷达站点的经纬度设置正确(经纬度格式为度分秒的格式,与 PUP 产品上显示的经纬度一致),见图 3-14。

(3)测试平台参数设置:做太阳法时保持"信号源控制"不勾选即可,如图 3-15 所示。

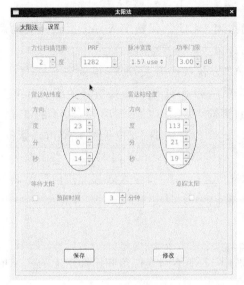 

图 3-14　经纬度参数设置图　　　　　　图 3-15　测试平台参数设置

　　（4）回到"太阳法"界面，点击"开始"，则系统自动进行计算，画圈位置分别为方位和俯仰角度计算结果，另外还可以得到波束宽度的计算结果，见图 3-16。如果以上参数都设置正确了依旧无法完成太阳法，那有可能是方位或俯仰角度的误差过大以至于找不到太阳，比如在"设置"—"方位扫描范围"一开始设置 4°或 6°，而假设真实方位误差超过 7°，那么太阳法就无法完成，此时应该适当增大方位扫描范围，比如设置为 9°，如果真实误差在 9°以内就能够完成太阳法。

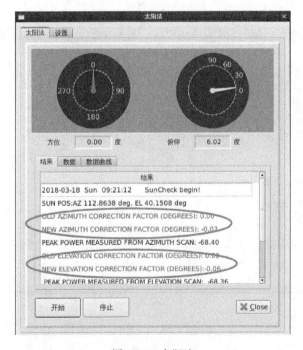

图 3-16　太阳法

2. 调整方法

如果方位角或俯仰角指向误差大于 0.05°,应通过对 DCU 单元数字板方位拨码开关的调整。调整方法如下。

方位误差调整 DCU 数字板(AP2)的 SA1 和 SA2 方位拨码开关,SA1 粗调和 SA2 微调;俯仰误差调整 AP2 俯仰拨码开关 SA3 和 SA4,SA3 粗调和 SA4 微调。每组开关组合起来是 16 位,每组开关组合的最后三位用作 DCU 监控数据传输,即 SA2 的 6,7,8 位,SA4 的 6,7,8 位保持默认状态不动。SA1 的 1～8 位以及 SA2 的 1～5 位对应的 13 位天线方位角码数据,具体为 180,90,45,22.5,11.25,5.6,2.8,1.4,0.7,0.4,0.2,0.08,0.04 共 13 位。当误差为正数时,则在原误差的基础上加该数值,反之减去。重复测试、调整,直至天线空间指向精度满足要求或误差接近角码显示误差(0.04°)。

3.3.1.2 控制精度

测量方位角和俯仰角的控制精度,控制精度分别用 12 个不同方位角和俯仰角上的实测值与预置值之间差值的均方根误差来表征。

指标要求:方位角和俯仰角控制误差均≤0.05°。

1. 测试方法

运行 RDASOT 中的天线控制,给定方位或俯仰一个角度,看天线实际到达的角度(在 DCU 状态显示板上查看)与指定角度的差值,见图 3-17。若误差过大,则需通过调节伺服放大器中增益电位器以确保系统控制精度,具体调整方法:天线控制软件给出"Park"指令或者运行到"Park"位置,待 5A7 三相电源指示灯亮了后,调整 RP3(俯仰偏差)、RP11(方位偏差)电位器,让方位显示为 0.0°,俯仰显示为 6.0°;由于天伺系统存在 0.04°的显示误差,所以可将天线 Park 时方位、俯仰显示调到 0.02°,6.02°为最佳。

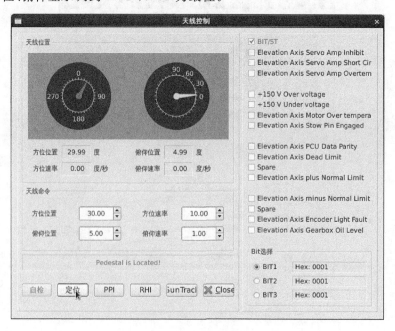

图 3-17　天线控制

2. 参数记录

天线控制精度参数记录如表 3-1 所示。

表 3-1　天线控制精度参数记录

方位			仰角		
设置值(°)	指示值(°)	差值(°)	设置值(°)	指示值(°)	差值(°)
0			0		
30			5		
60			10		
90			15		
120			20		
150			25		
180			30		
210			35		
240			40		
270			45		
300			50		
330			55		

方位角均方根误差(°)：_____
仰角均方根误差(°)：_____

3.3.2　系统相干性检查

系统相干性采用 I,Q 相角法,将雷达发射射频信号经衰减延迟后注入接收机前端,对该信号放大、相位检波后的 I,Q 值进行多次采样,由每次采样的 I,Q 值计算出信号的相位,求出相位的均方根误差 $\sigma\phi$ 来表征信号的相位噪声。在验收测试时,取其 10 次相位噪声 $\sigma\phi$ 的平均值来表征系统相干性。

指标要求：S 波段雷达相位噪声≤0.06°。

系统相干性的测试方法与测量结果同相位噪声完全一样。

3.3.3　接收机动态范围

3.3.3.1　测试方法

接收系统动态范围表示接收系统能够正常工作容许的输入信号强度范围,信号太弱,无法检测到有用信号,信号太强,接收机会发生饱和过载。新一代天气雷达的动态范围是指瞬时动态范围,即不含 STC 控制的动态范围。

月维护时接收机动态范围测试使用机内信号源。RDASOT 平台选择"参数设置"→"信号源",取消"信号源控制"的选择,见图 3-18。在 RDASOT 平台选择"动态范围",在"选项"项选择"机内","图表类型"选择"dB",点击"控制"项的"自动测试",自动完成动态测试。"极化方式"项分别选择"Hori"和"Vert"对水平偏振通道、垂直偏振通道测试,见图 3-19。

图 3-18　机内动态测试信号源选择

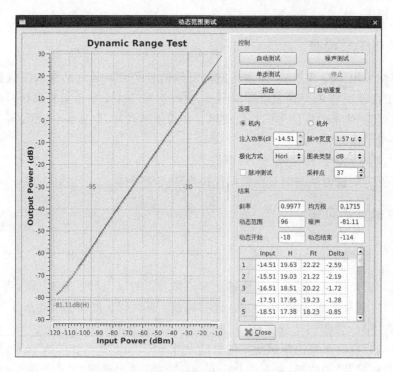

图 3-19　接收机机内测试动态特性曲线

3.3.3.2　测试结果

1. 文本数据保存

测试结果保存在"/opt/rda/log/Ziiii＿DynTestResult＿yyyymmddHHMMSS.txt"（随 RDASC 软件版本而异）。

2. 指标要求

动态范围要求≥115 dB，如未达标，需要调整。

3. 动态特性曲线

动态特征曲线如图 3-20。

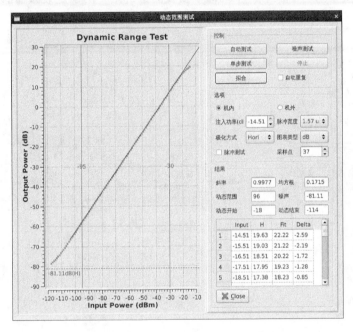

图 3-20　接收机机内测试动态特性曲线

3.3.4　机外仪表测量发射机功率

3.3.4.1　功率计

功率计使用前需校准和设置参数，步骤如下。

（1）调零：将功率计探头连接到功率计 CHANNEL 接口，开机后依次点击"preset（confirm）"初始化功率计。将探头连接至功率计 POWER REF 接口，按键"Zero/Cal"后选择"Zero"开始自动调零，结束后选择"Cal"开始自动标校，如果测值稳定在 0 dBm 或 1 mW，则完成调零和校准。

（2）工作频率：设置功率计的频率为所测雷达的实际工作频率。

（3）偏移量：功率计所测信号是经过耦合、衰减得到的，实际功率应为测量值与耦合、衰减值之和。

$offset = L_c + L_i + L_T + 0.5$，其中 L_c 为耦合器耦合度，L_i 为电缆损耗，L_T 为固定衰减器衰减量，0.5 为其他损耗。

（4）占空比：$Duty = (\tau \cdot PRF/10000)\%$，其中 τ 为发射脉冲宽度（μs），PRF 为雷达脉冲重复频率（Hz）。

（5）显示单位：依次选择"MeansDisplay"→"Units"→"W"，将显示单位设置为"W"。

3.3.4.2　发射机功率测量

雷达馈线中的定向耦合器将发射信号耦合输出，通过衰减器、测试电缆接入功率计探头，功率计连接框图见图 3-21。送至功率探头的峰值功率应小于功率探头额定最大功率值，一般随机功率探头额定最大功率值为 20 dBm，串接在测量链路中的固定衰减器的总衰减量应不小于 37 dB。

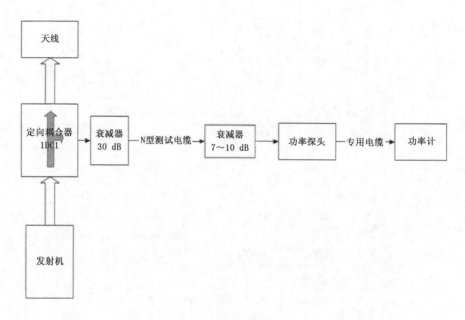

图 3-21　功率计连接框图

在 RDASOT 工具选择"示波器"，在"发射机"项设置"高压"为"OFF"，"波导开关"为"Dummy"，"解模糊模式"为"None"。选择不同的 *PRF* 和"脉冲宽度"进行测量，点击"开始"后在发射机面板选择"高压开"开始发射，读取功率计的稳定读数，点击发射机面板"高压关"后停止发射，见图 3-22。需要注意的是，为防止假负载烧毁，不能长时间发射。严禁在发射高压时修改脉冲宽度。

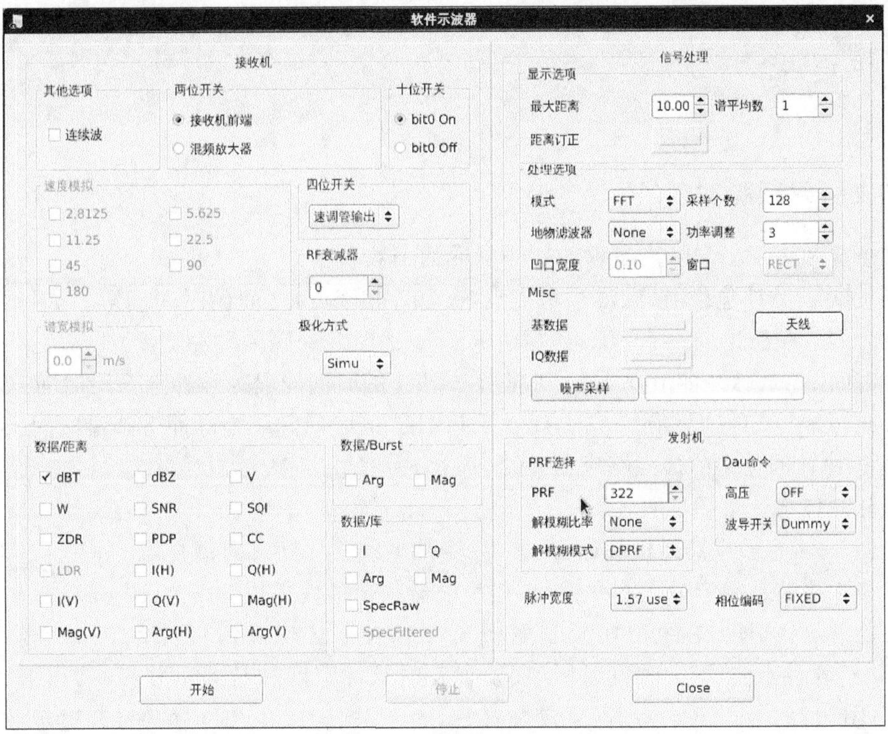

图 3-22　发射机功率测量

3.3.5　机外仪表测量脉宽

测量方法见 3.4.1 节的相关描述。

3.3.6　汇流环清洁

进入方位仓,卸下汇流环遮蔽面板,用沾有酒精的脱脂棉擦拭汇流环,清理碳屑。检查汇流环接触压力,检查并更换磨损严重的碳刷。

3.3.7　业务计算机检查

检查计算机运行情况,对硬盘进行碎片整理,对计算机内冗余的垃圾文件进行处理。

3.3.8　运行环境检查

清洁各个雷达机柜,清洗机柜进出风口、聚焦线圈进风口滤尘网,清除风扇、排气扇的灰尘,拆洗空调滤尘网。对各种测试仪表通电检查是否正常,检查发射机高压部件有无异常。检查备份发电机是否能够断电自启动,检查机油、燃油、冷却水量,每三个月对 UPS 做充放电维护。检查避雷器工作情况。

3.4　年巡检

3.4.1　发射射频脉冲包络

脉冲重复频率 PRF：1s 内发射的射频脉冲的个数。

包络宽度 τ：脉冲包络前、后沿半功率点（0.707 电压点）之间的时间间隔。如脉冲包络的平顶幅度为 U_m，从脉冲前沿 $0.7U_m$ 到后沿 $0.7U_m$ 的时间间隔为脉冲宽度。

上升时间 τr：从脉冲前沿 $0.1U_m$ 到前沿 $0.9U_m$ 的时间间隔为脉冲上升沿时间。

下降时间 τf：从脉冲后沿 $0.9U_m$ 到后沿 $0.1U_m$ 的时间间隔为脉冲下降沿时间。

顶降 δ：如脉冲包络的最大幅度为 U_{max}，那么 $\delta=(U_{max}-U_m)/2U_m$。

发射脉冲包络计量图见图 3-23。

按照图 3-24 将示波器经检波器、衰减器、测试电缆连接到定向耦合器 1DC1。送至检波器的功率应小于检波器额定最大功率值，一般检波器额定最大平均功率为 10 dBm。

发射机预热完毕后，在发射机控制面板 3A1 的控制区切换到"本控""手动"模式。运行 RDASOT→"软件示波器"，在"发射机"项设置发射脉冲宽度和脉冲重复频率，点击"开始"发射脉冲，见图 3-22。在 3A1 控制区手动加高压，按示波器"Auto Set"按钮，调整示波器横轴、纵轴的尺度，使示波器能够看到合适的脉冲包络，类似图 3-23，读取包络的各个参数。读取完毕后，及时关闭发射机高压，不允许长时间加高压。按照要求依次测量窄脉冲和宽脉冲的包络，切换脉冲宽度时必须首先关闭高压，严禁开高压状态下切换脉宽。

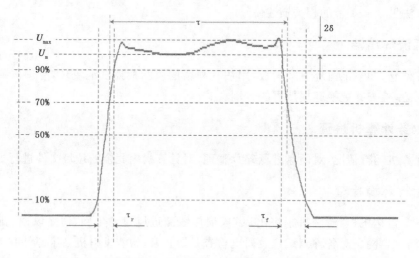

图 3-23　发射脉冲包络计量图

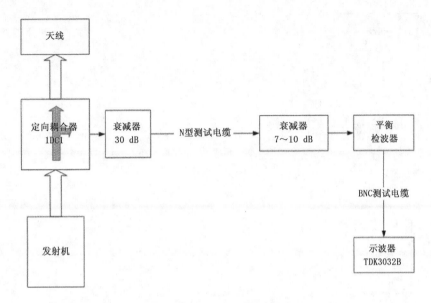

图 3-24　发射脉冲包络测试框图

3.4.2　发射机输出功率

机内自动测量发射机功率方法参见 3.1.3 节。

机外仪表测量发射机功率方法参见 3.3.4 节。

3.4.3　发射机极限改善因子测量

3.4.3.1　发射机输出极限改善因子

极限改善因子是反映信号在一定条件下的信号功率谱与噪声功率谱之间的关系,一般情况下使用频谱仪直接测量。频谱仪的输入信号额定最大功率≤30 dBm,在测量前,应对所测量信号的功率大小有充分了解,加入适当衰减器,以保证进入频谱仪的信号强度小于频谱仪的输入信号额定最大功率。

雷达馈线中的定向耦合器将发射信号耦合输出,通过衰减器、测试电缆接入频谱仪,通过设置频谱仪测量发射机输出信号的信噪比,发射机输出极限改善因子测量框图见图 3-25。根据公式 $I = S/N + 10\lg B - 10\lg PRF$ 计算可得极限改善因子 I。公式中,I 为极限改善因子(dB),S/N 为信号噪声比(dB),B 为频谱仪分析带宽(Hz),PRF 为雷达脉冲重复频率(Hz)。年维护要求测量 $B = 3$ Hz,$PRF = 644$ Hz 和 1282 Hz 下的极限改善因子,技术指标要求 $I \geqslant 58$ dB。雷达发射机需使用"本控""手动"模式,在 RDASOT→"软件示波器"设置发射类型,同 3.4.1 节发射射频脉冲包络测量。

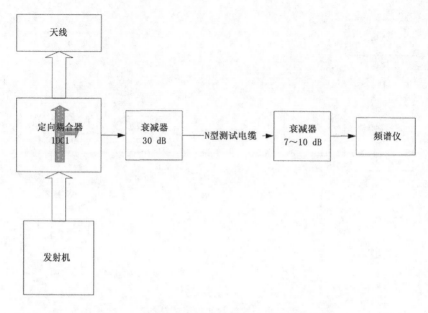

图 3-25　发射机输出极限改善因子测量框图

3.4.3.2　发射机输入极限改善因子

发射机输入极限改善因子测量框图见图 3-26，将频综输出激励信号通过测试电缆接入频谱仪，通过设置频谱仪即可测量发射机输入信号的信噪比，然后通过公式 $I=S/N+10\lg B-10\lg PRF$ 即可得出发射机输入极限改善因子。年维护要求测量 $B=3$ Hz，$PRF=644$ Hz 和 1282 Hz 下的极限改善因子，技术指标要求 $I\geqslant 61$ dB。雷达不需要加高压。

图 3-26　发射机输入极限改善因子测量框图

3.4.4　发射脉冲射频频谱

发射脉冲射频频谱同样需要使用频谱仪测量，仪表连接方式同 3.4.3.1 节发射机输出极限改善因子测量的连接方式。设置频谱仪的中心频率后，调节坐标显示，使得频谱仪显示一个完整的脉冲谱，见图 3-27。使用 Peak Search 按键将光标定到频谱峰值，逆时针旋转大旋钮向左移动光标，当光标处的强度比峰值衰减 10 dB 时，记录当前频率与峰值频率的差值。依次记录强度相比峰值衰减 10 dB，20 dB，30 dB，40 dB，50 dB，60 dB 时的频率偏移，记作左频偏。用同样的方法测量峰值右侧衰减 10 dB，20 dB，30 dB，40 dB，50 dB，60 dB 时的右频偏。相同强度衰减量时的左频偏与右频偏绝对值的和即为谱宽。年维护要求分别测试宽脉冲和窄脉冲在 $PRF=322$ Hz 的频谱。频谱特性指标要求：工作频率 ± 5 MHz 处 $\leqslant -60$ dB。

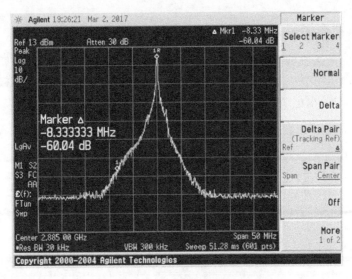

图 3-27　脉冲射频频谱测量

3.4.5　接收机噪声系数

机内噪声源测量噪声系数的方法参见 3.2.1 节噪声系数测量。

外接噪声源由接收机前端(场放输入端)输入,测试点在终端,使用 RDASOT 软件读出噪声系数。在 RDASOT→"噪声系数"软件界面选择"机外",表示使用外部噪声源。设置噪声源的超噪比,外接噪声源采用频谱仪配备的 Agilent 346B,在噪声源铭牌读取超噪比写入软件"ENR"项。"循环次数"设置为 5。选择窄脉冲。测试首先勾选"冷态",点击"测试",进行冷态测试,5 组测试完毕后,勾选"热态",再次点击"测试",进行热态测试(打开噪声源)。测试结束后,自动给出平均噪声系数和噪声温度,见图 3-28。标准要求单项和平均噪声系数≤3 dB,机内噪声源测量和机外噪声源测试结果相差≤0.2 dB。

图 3-28　噪声系数测量

3.4.6　接收机动态测试

机内信号源测量接收机动态范围方法见 3.3.3 节接收机动态范围。

机外信号源测量接收机动态范围需要使用外接信号源，连接框图见图 3-29。断开接收机 4A23 数控衰减器与输出电缆 W53 的连接，将信号源通过测试电缆输入到 W53 电缆。

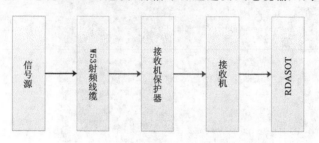

图 3-29　外接信号源连接框图

使用交叉网线连接 RDA 计算机和信号源。查询 RDA 计算机 IP 地址，将信号源 IP 设置为 RDA 计算机同网段（不可相同），信号源 IP 设置方法为：Utility→GPIB/RS232→LAN Set-up→IP Address。信号源设置完 IP 后必须重启才可生效。在 RDASOT→"参数设置"→"信号源"勾选"信号源控制项"项，并输入信号源的 IP、发射机中心频率、线损（测试电缆衰减加上保护器耦合度），见图 3-30。

图 3-30　设置信号源 IP 和雷达工作频率

在 RDASOT→"动态范围测试"，设置为"dBZ"显示，分别对水平通道、垂直通道做动态测试，方法同机内信号源法。指标要求拟合直线斜率为 1 ± 0.015，拟合均方根误差 $\leqslant0.5$ dB，动态范围 $\geqslant115$ dB。

3.4.7　系统相干性

3.4.7.1　I, Q 相角法

系统的相干性表征雷达系统内各信号的频率的稳定性,频域用极限改善因子 $L = Sp/Np$ 来表示信号的相干性,时域用相位噪声表征雷达系统的相干性。系统相位噪声采用 I, Q 相角法进行测量和计算。将雷达发射脉冲通过定向耦合器耦合输出,经延迟 $10~\mu s$ 后送入接收通道;接收机对该信号进行放大、下变频、中频处理后,将正交 I, Q 信号送入信号处理器;信号处理器对该 I, Q 信号进行采样、计算相角,求出采样信号相角的均方根误差并用其表示系统的相位噪声。技术方法同 3.2.2 节,指标要求同 3.3.2 节。

3.4.7.2　滤波前后的信号功率比值

有两种测试方法,操作方法同 3.2.2 节。RCW 平台离线测试为 3.2.2 节的方法一。

3.4.7.3　实际地物对消能力检查

在晴空、无风或微风天气运行雷达,在 0.5°的晴空基本反射率回波图上,根据经验在探测范围内选择 1 处固定位置地物的强地物回波对消前后反射率值(dBZ),对消前和对消后的 dBZ 差值即为雷达实际地物对消能力。

用雷达观测到的实际地物回波在对消前和对消后的强度差值检验系统的地物对消能力,并记录 10 组数据,见表 3-2。

表 3-2　实际地物对消能力参数记录

序号	方位 (°)	距离 (km)	对消前 (dBZ)	对消后 (dBZ)	地物对消抑制比 (dB)	径向风速 (m/s)
1						
2						
3						
4						
5						
6						
7						
8						
9						
10						

地物对消范围(dB):_____

将 RPG 软件打开,在 PUP 软件菜单上点击"连接 RPG",关闭"自动显示"功能,如图 3-31 所示。连接成功后点击"产品预览",在弹出"产品在线预览"窗口上分别设置窗口Ⅰ、窗口Ⅱ、窗口Ⅲ上选取同一时间的滤波前 dBT(T)、强度(Z)、速度(V)产品,如图 3-32 所示。在 PUP 软件菜单"窗口"选择"平铺",点击"光标联动",如图 3-33 所示。滚动鼠标滚轮放大雷达图,在图上寻找对消前后强度差值≥30 dB,径向风速≤1 m/s 的位置,记录方位、距离、对消前、对消后、地物对消抑制比、径向风速等信息,如图 3-34 所示。

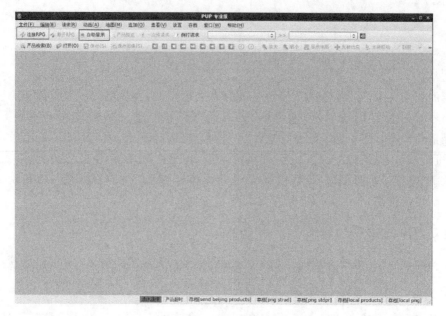

图 3-31　PUB 软件界面

图 3-32　(a)窗口 1,(b)窗口 2,(c)窗口 3

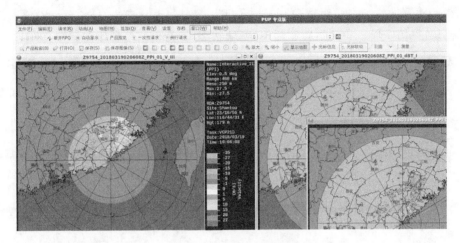

图 3-33　PUB 软件光标联动

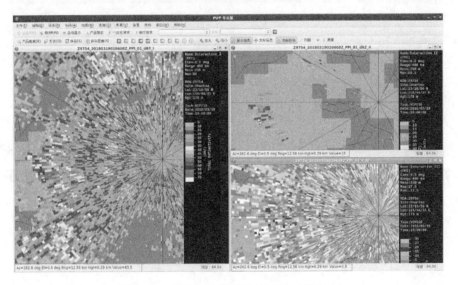

图 3-34　利用 PUB 软件检查地物对消能力

3.4.7.4　单库 FFT 谱分析法测量系统极限改善因子

将雷达的发射射频信号经衰减延迟后注入接收机前端,在终端显示器上观测信号处理器对该信号作单库 FFT 处理时的输出谱线(不加地物对消),从谱分析中读出信号和噪声的功率谱密度比值(S/N),由雷达脉冲重复频率(PRF)、分析带宽(B),计算出极限改善因子(I)。计算公式:

$$I = S/N + 10\lg B - 10\lg F$$

分析带宽 B 与单库 FFT 处理点数 n、雷达脉冲重复频率 F 有关,即 $B = F/n$,因此上式可改为:

$$I = S/N - 10\lg n$$

在 RDASOT→"软件示波器"→"处理选项",设置"模式"为"FFT","采样个数"分别取 128 和 256 做两次测试。"发射机"选择窄脉冲"1.57use",脉冲重复频率分别取 644 Hz 和

1282 Hz做两次测试。"数据/距离"项勾选"dBT","数据/Burst"项勾选"SpecRaw",点击"开始"开始测试,见图 3-35。雷达运行在遥控、自动状态,加高压时严禁修改脉冲宽度。

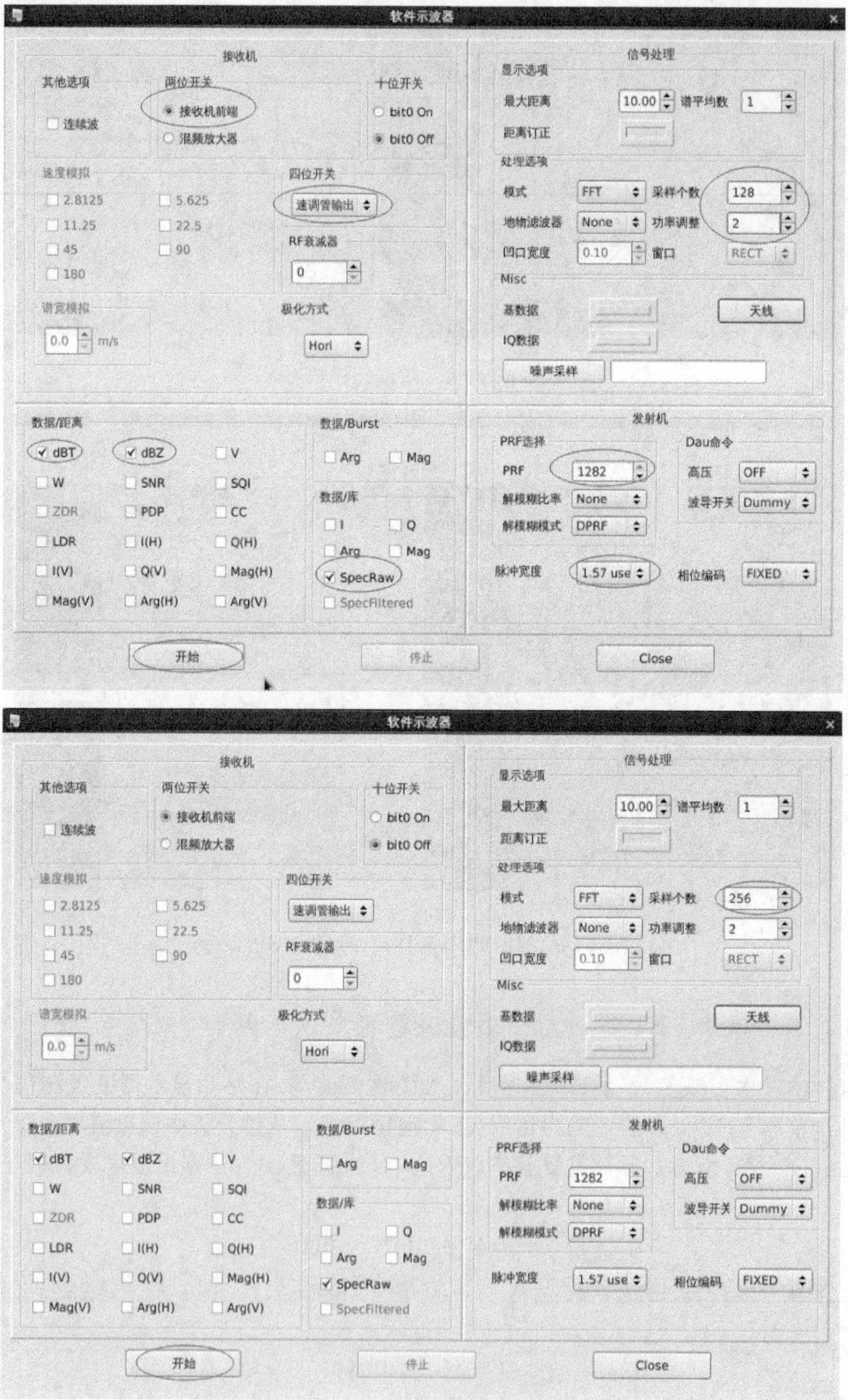

图 3-35　单库 FFT 谱分析法测量系统极限改善因子设置

在"软件示波器"频谱图上读取信号强度和噪声强度,两者之差即为信噪比,见图 3-36,根据前述公式计算可得极限改善因子(I)。

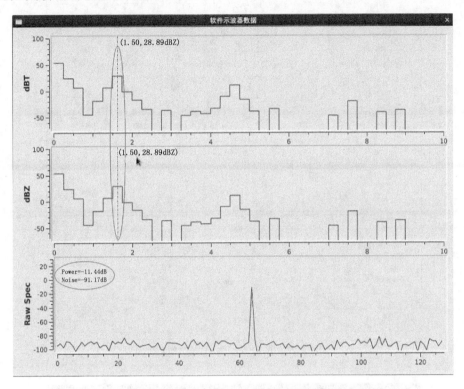

图 3-36 单库 FFT 谱分析法测量系统极限改善因子测量

3.4.8 系统指标

3.4.8.1 回波强度定标检验

分别用机外信号源和机内信号源注入功率为 -90 dBm 至 -40 dBm 的信号(实际注入信号根据路径损耗不同会有差异),在距离 $5\sim200$ km 范围内检验其回波强度的测量值,回波强度测量值与注入信号计算回波强度值(期望值)的最大差值应在 ±1 dB 范围内。机外信号和机内信号从接收机前端输入点幅值必须相同。

打开 RDASOT→"反射率标定",选择"标定""机外测试"。首先检查"参数 5"的 TR3 发射机工作频率,TR27,TR30 分别为窄脉冲、宽脉冲的发射功率,A1 为天线增益,见图 3-37。"参数 6"中 A2 为天线水平波束宽度,A3 为天线垂直波束宽度,检查各参数是否正确,见图 3-38。注意测试时应该先将测试线缆的衰减进行标定,用功率计测量低噪声放大器的注入功率(此时机内的射频数控衰减器设置为 0 dB),则外接信号源的输出功率应该设置满足如下条件:低噪声放大器的输入功率=信号源输出-线缆衰减,在信号源输出设置完毕的基础上再依次衰减 -30 dB,-40 dB,-50 dB,-60 dB,-70 dB,-80 dB,测量 6 次。

机内信号源测量方法见 3.2.3 节。

图 3-37　反射率标定"参数 5"设置

图 3-38　反射率标定"参数 6"设置

　　机外信号源测量时需将信号源按 3.4.6 节连接并设置。机外信号源测试时应当选择"测试方式"→"机外测试",在"机外"项的"注入功率"设置输入功率,点击"开始"进行测试,见图 3-39。检查测试结果的 Input Power 是否与机内测试的值相同,如不同,应当修改 inject power 使得输入功率与机内输入功率一致。在 Parameter 页面可以设置宽窄脉冲、水平/垂直通道。应当对窄脉冲的水平和垂直通道分别测试。指标要求差值≤1 dB。

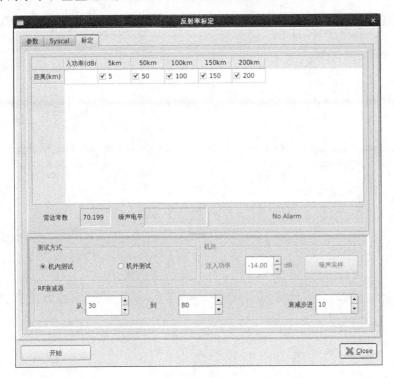

图 3-39　反射率标定界面

3.4.8.2　径向速度测量检验

　　机内信号源测量径向速度见 3.2.3 节关于径向速度定标检验的表述。机外信号源测量检验径向速度需将信号源按照 3.4.6 节连接,输出信号强度为−20 dBm。用机外信号源输出频率为 $f_c + f_d$ 的测试信号送入接收机,f_c 为雷达工作频率,改变多普勒频率 f_d,读出速度测量值 V_1 与理论计算值 V_2(期望值)进行比较。计算公式:$V_2 = -\lambda f_d / 2$ 式中:λ 为雷达波长、f_d 为多普勒频移。

　　运行 RDASOT→"软件示波器",PRF 设置为 1014 Hz,$DPRF$ 设置为单重频模式。4 位开关设为 OFF,激活 Range Norm,勾选 dBT,V,HV 项设置为水平或垂直通道,设置完毕后点击"开始"启动,见图 3-40。

　　旋转大旋钮改变信号源的频率,在"软件示波器"查看速度为 0 的点。先从"百位"上改频率,方法为按下频率键,将光标移动到"百位"上粗调,当速度接近 0 点时,再移动左右箭头,移动左右箭头,在"十位"和"个位"上细调,直到找速度 0 点。在"软件示波器"界面中,$DPRF$ 再设置为 4∶3 双重频模式。检查速度是否也为 0 点,如不是,则信号源的频率重新设置在雷达工作频点,然后改变信号源的频率,方法为按上频率键,将光标移动到"百位"上粗调,当速度接近

0点时,再移动左右箭头,在"十位"和"个位"上细调,直到找速度0点,只有DPRF双重频和单重频两种模式下,均为0点,才说明找到真0点。待找到速度真0点以后,将信号源的光标移动到百位上,注意频率源最后两位为小数点,需要移到从右数第5位。每次步进为100 Hz,负速向上变频至1 kHz,记录数据;正速向下变频至1 kHz,记录数据。指标要求测量值与理论值相差≤1.0 m/s。应当分别就水平通道、垂直通道测试。

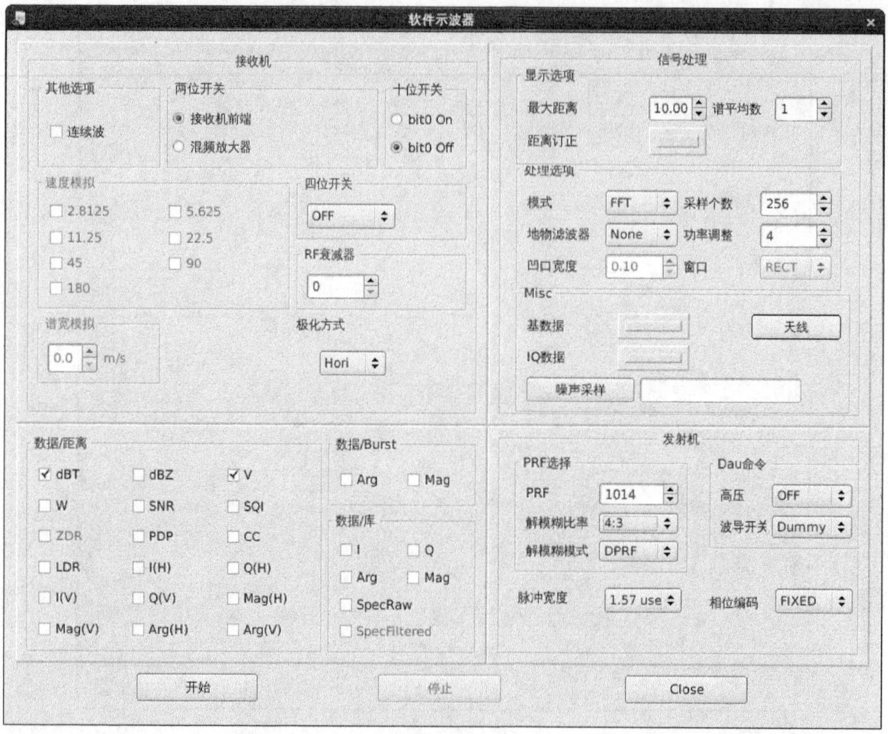

图 3-40　速度测量

3.4.8.3　速度谱宽测量检验

机内测试信号速度谱宽测量检验见3.2.3节相关描述。

机外信号源对双脉冲重复频率(DPRF)测速范围展宽能力的检验是在3.4.8.2节机外信号源径向速度测量检验的基础上继续进行的。"软件示波器"的DPRF设为4:3,重复3.4.8.2节正负步进100 Hz的测量,并对比单PRF测量与双PRF(4:3)H/V通道的测速结果。

3.4.8.4　接收双通道一致性检验

频率源J3输出的CW信号经过接收机测试通道后,进入二路功分器,功分成两路等强度的信号,分别送入水平和垂直接收主通道,经过低噪声放大器和混频/前置中频放大器变成中频信号后送入信号处理单元,经信号处理器得到水平和垂直通道信号强度的差值为接收机双通道系统偏差$Z_{dr_{RX}}$,两路信号相位差值为$\varPhi_{dp_{RX}}$,计算$Z_{dr_{RX}}$和$\varPhi_{dp_{RX}}$的标准方差。$Z_{dr_{RX}}$及$\varPhi_{dp_{RX}}$取值范围:低端取信噪比≥20 dB,高端取动态范围起始点以下数值。

测试方法同机内动态范围测试,在 RDASOT→"动态范围测试"界面,设置为 dB(依次测试 dB、dBZ、Z_{dr}、Φ_{dp},共 4 组)显示,极化方式选择 H+V(Simu)同时测试,见图 3-41。检查双通道的散点分布和拟合直线的一致性。

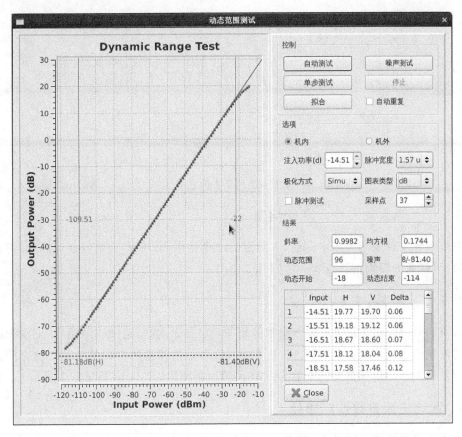

图 3-41　接收双通道一致性检验

3.4.9　天伺系统

3.4.9.1　雷达天线水平测试

在天线座调整基本水平后,将合像水平仪按图 3-42 左图所示摆放在天线座俯仰舱内,合像水平仪刻度标尺对向天线座轴心。选择一个测量点(例如 0°)测量并读取、记录合像水平仪刻度盘读数(此时合像水平仪测量的结果实际是 45°方向,应该记录为 45°位置上的偏差,合像水平仪这种摆放方式,决定了实际测量的方向跟天线反射体的朝向相差 45°),然后推动天线转动 45°测量并读取、记录刻度盘读数,依次完成 8 个方向的测量。

将互成 180°方向(同一直线上)的一组数相减(如 0°和 180°,45°和 225°,90°和 270°,135°和 315°,见图 3-42 右图所示)得出 4 个数据,这 4 个数的绝对值最大值,即为该天线座的最大水平误差。指标要求最大误差≤60″。

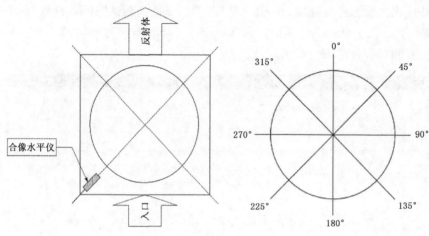

图 3-42　天线水平测试图示

3.4.9.2　雷达波束指向定标检查

波束指向性定标采用太阳定标法,太阳定标法是使用 RDASOT 软件自动标定,得出天线的方位角、俯仰角的误差值。技术方法同 3.3.1 节。

3.4.9.3　天线控制精度检查

通过 RDASOT 软件发送天线方位和仰角的定位指令,当雷达天线停稳后,记录天线当前指示值与预置值之间差值。分别用 12 个不同方位角和俯仰角的实测值与预置值之间差值的均方根误差来表征。指标要求方位角、俯仰角的控制精度均≤0.05°。测量方法同 3.3.1.2 节。

3.4.10　雷达主要参数性能指标

雷达主要参数性能指标见表 3-3。

表 3-3　雷达主要参数性能指标

检测项目		指标	检测记录	备注
1. 发射机				
脉冲功率	机外测量	≥650.0 kW		
	机内测量	≥650.0 kW		
脉冲宽度	窄脉冲	1.57±0.1 μs		
	宽脉冲	4.7±0.25 μs		
脉冲重复频率	窄脉冲	300~1300 Hz		
	宽脉冲	300~450 Hz		
参差重复频率比		3/2,4/3,5/4		
发射机输入端 极限改善因子	$PRF=644$ Hz	≥61 dB		
	$PRF=1282$ Hz	≥61 dB		
发射机输出端 极限改善因子	$PRF=644$ Hz	≥58 dB		
	$PRF=1282$ Hz	≥58 dB		

续表

检测项目		指标	检测记录	备注
2. 接收机				
接收系统 动态范围	机外水平窄脉冲	≥115 dB		
	机外垂直窄脉冲	≥115 dB		
	机内水平窄脉冲	≥115 dB		
	机内垂直窄脉冲	≥115 dB		
接收系统 噪声系数	窄脉冲水平机外	≤3 dB		
	窄脉冲垂直机外	≤3 dB		
强度定标检查 −30～−90 dBm	机内定标	±1 dB		
	机外定标	±1 dB		
速度测量检查	正速度测量	≤1.0 m/s		
	正速度测量	≤1.0 m/s		
	负速度测量	≤1.0 m/s		
	负速度测量	≤1.0 m/s		
机内速度谱宽	速度测量	≤1.0 m/s		
	谱宽测量	≤1.0 m/s		
3. 相干性*				
系统相位噪声	水平通道窄脉冲	≤0.06°		
	垂直通道窄脉冲	≤0.06°		
4. 系统回波强度定标、速度测量检验				
回波强度测量在 线自动标校能力	水平通道	±1.0 dB		
	垂直通道	±1.0 dB		
双通道一致性 （静态测试）	幅度标准差	≤0.2 dB		
	相位标准差	≤3°		
双通道一致性 （动态测试）	幅度标准差	≤0.2 dB		
	相位标准差	≤3°		
5. 雷达空间位置定标检验				
天线座水平度定标检查(″)		≤60		
雷达波束指 向定标检查	方位	≤0.05°		
	俯仰	≤0.05°		
6. 伺服系统				
控制误差(°)	方位	≤0.05°		
	仰角	≤0.05°		

3.4.11　雷达机械部件检查

检查维护天线及伺服各机械部件的润滑,天线连接紧固件是否有松动;检查运动部件处的电缆是否有磨损,检查波导旋转关节处的磨损状况、是否松动,检查所有插件状态;全机开关、按钮、表头、保险丝、指示灯、数码管、继电器、接触器可靠性检查、维护、更换。重点更换已有过打火痕迹的器件;速调管油位检查。

3.4.12　运行环境检查

按要求进行防雷检测、消防检测;拆洗、维护机房空调机、除湿机、鼓风机;检查各类变压器外观是否受潮、过热、机震、变形;检查绝缘子、接线板、空气开关、交流接触器上接线松紧,同时清除上面的灰尘;检查天线座和天线罩单元,并对天线座内进行清洁维护清洁机电元件,去除表面的灰尘,锈蚀或其他杂物。

3.5　年维护

3.5.1　雷达主要维护内容

目前对双偏振雷达的年维护要求较高,按照年巡检的要求进行,故年巡检所做各项测试及技术指标与年维护相同。

3.5.2　换机油

需换油的部分一共有三处,分别是大油池(包括小油池)、方位减速箱、俯仰减速箱。前两者都在汇流环所在的方位仓内,后者在俯仰箱里。

3.5.2.1　放油

大小油池结构相通,但大小油池各有放油阀,都没有溢油阀,取而代之的是油位刻度线。方位壳体底部上面的两个"放油"阀门,一个位于减速箱法兰盘上,油嘴垂直向下,另一个在对面的接油盒内。另外,同步箱上还有"残油"放油螺栓,其位于油池的最底部。

放油前需要将雷达转 0.5~1 h,让内部沉淀物浮于油中。如果雷达在连续正常工作时,可以省去此步骤。放油一般使用油管(放大油池的油时记得打开大油池上方的盖板,保持空气流通,才能更快地将油放出),想加快速度可以使用油泵。

1. 方位大油池放油

方位大油池油质检查:打开减速箱法兰盘处放油油嘴和放残油阀门,用容器接 100ml 左右的润滑油,仔细查看放下的润滑油里面有没有细的铁屑,油里面污染物多不多,有无积水,油是否发黑,放油是否通畅等;如发现油内有铁屑,应拆下减速箱,查看铁屑产生原因;油里面有污染物和积水,油很黑等,应及时进行清洗,更换新的润滑油。

放油时,油管的一端接大油池的放油阀,如图 3-43a,另一点接油泵的进水口,利用油泵将油池里面的油抽出来。同时,打开大油池上方的盖板,如图 3-43b,以便空气流通,更快地将油抽出。

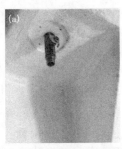
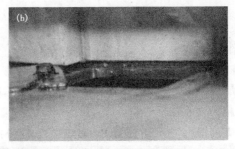

图 3-43　(a)大油池放油阀,(b)大油池放油阀和盖板

2. 小油池放油

小油池的放油:用一细管接小油池的放油阀,如图 3-44。因为小油池的油量较少,故不需要用油泵去抽。最后,打开位于减速箱法兰上的"残油"放油阀,其位于油池的最底部,大约能够放出 1.5 L 润滑油。

图 3-44　小油池放油阀

3. 减速箱放油

方位减速箱的放油:用细管接减速箱的放油阀即可,方位减速箱的油阀位置如图 3-45a。俯仰减速箱的放油:直接拧开放油阀,下方用一容器装废油即可,如图 3-45b。

图 3-45　(a)方位减速箱放油阀,(b)俯仰减速箱放油阀

3.5.2.2　加油

1. 大小油池的灌油

大小油池在结构上是相通的,只是小油池在大油池下方,油位更低,所以在灌油的时候只需将大油池灌满就可以。大油池的容积大概是 40~50 L。润滑油有 100 号、150 号、220 号等多种型号,型号越大表示油性越稠。

灌油时,将大油池上方的挡板打开,通过油泵将油抽进去(或者使用漏斗,手工注入润滑油),并不时要观察油位。油位大概加到平均线与上限线的中间位置为准,如图 3-46。

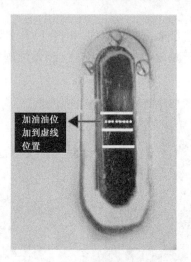

图 3-46　大油池油位刻度线

2. 俯仰减速箱的灌油

俯仰减速箱灌油可以采用油泵,不过由于减速箱容量较小,因此灌油时要密切注意溢油阀的状态,用油泵泵油很快就能灌满,溢油阀一旦有油流出,则说明减速箱的油已满,应立即关掉油泵。也可不使用油泵,先打开俯仰减速箱上的方块螺丝(俯仰减速箱的加油口,如图 3-47),再把溢油阀打开,用一装满油的矿泉水瓶缓慢地向加油口里灌油,直至溢油阀有油溢出,则说明俯仰减速箱油已加满。

图 3-47　俯仰减速箱加油口

3. 方位减速箱的灌油

方位减速箱灌油需使用油泵进行,与俯仰一样,方位减速箱容量较小,泵油时要密切注意溢油阀的状态,一旦有油流出,则说明减速箱的油已满。

3.5.3 天线座加润滑脂

打开俯仰箱门,找到在俯仰箱内的注润滑脂的油杯组合装置,一排 8 个油嘴,连接俯仰两侧大轴承,如图 3-48。

图 3-48　大齿轮油嘴组合

将高压油脂枪加满润滑脂,把油枪头部的放气阀打开,把油枪内空气排尽,就可打出润滑脂来。分别在俯仰角 0°,30°,60°,90°四个位置进行手动注油。

关上俯仰出入门,打开左侧俯仰轴承检查盖板,在减速箱输出齿轮支架上,有两个黄色的小注油装置。手动注油,转动俯仰电机手柄,再次将天线转到 0°左右,把俯仰锁定装置锁定。将润滑脂注到暴露的俯仰大齿轮上,分别在 0°,23°,90°,三个位置进行注油。打开两个俯仰锁紧装置,转动俯仰电机手柄,将天线转到下个位置,把俯仰锁定装置锁定。再次将润滑脂注到转过来的大齿轮上,直至将所能转到的部位涂上润滑脂。因俯仰是可以在 0°～90°方向运转,所以在这些角度的齿轮都要涂上润滑脂。因俯仰在 0°～90°位置进行天线正常体扫运动,所以在这些角度的齿轮要细心涂上润滑脂。

第4章　双偏振雷达主要技术指标和测试方法

4.1　主要仪表使用

4.1.1　示波器

安捷伦 DSO5032A 型数字示波器前面板如图 4-1 所示,按键使用说明如下。

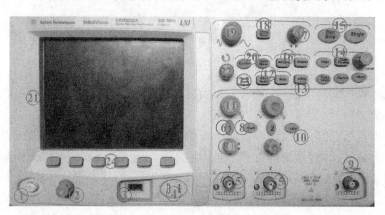

图 4-1　示波器前面板介绍

①电源开关、②亮度控制、③USB 端口、④探头补偿端子、⑤通道输入、⑥通道打开/关闭开关、⑦垂直位置控制、⑧Math 按键、⑨外部触发输入 ⑩Label 按键、⑪垂直灵敏度控制、⑫File 按键、⑬Utility 按键、⑭触发控制、⑮运行控制、⑯Waveform 控制、⑰水平延迟控制、⑱Menu/Zoom 按键、⑲水平扫描速度控制、⑳Measure 控制、㉑显示屏、㉒Entry 旋钮、㉓AutoScale 按键、㉔软按键

①电源开关:按一次打开电源;再按一次关闭电源。

②亮度控制:顺时针旋转提高波形亮度,逆时针旋转降低亮度。

③USB 端口:连接符合 USB 标准的大容量存储设备以保存或调用示波器设置文件或波形。

④探头补偿端子:使用这些端子的信号使每个探头的特性与其所连接的示波器通道相匹配。

⑤通道输入:将示波器探头或 BNC 电缆连接到通道输入接口。这是通道的输入连接器。

⑥通道打开/关闭键:使用此键打开或关闭通道,或访问软键中的通道菜单。每个通道对应一个通道打开/关闭键。

⑦垂直位置控制：使用此旋钮更改通道在显示屏上的垂直位置。每个通道对应一个垂直位置控制。

⑧Math 按键：通过 Math 按键可以使用 FFT（快速傅立叶变换）、乘法、减法、微分和积分函数。

⑨外部触发输入：外部触发信号输入通道。

⑩Label 按键：按此键访问 Label 菜单，可以输入标签以识别示波器显示屏上的每个轨迹。

⑪垂直灵敏度控制：使用此旋钮更改通道的垂直灵敏度（增益）。

⑫File 按键：按 File 键访问文件功能，如保存或调用波形或设置。或按 Quick Print 键打印显示屏上的波形。

⑬Utility 按键：按此键访问 Utility 菜单，可以配置示波器的 I/O 设置、打印机配置、文件资源管理器、服务菜单和其他选项。

⑭触发控制：这些控制装置确定示波器如何触发以捕获数据。

⑮运行控制：按 Run/Stop 使示波器开始寻找触发。

Run/Stop 键首次被按亮为绿色。如果触发模式设置为"Normal"，则直到找到触发才会更新显示屏。如果触发模式设置为"Auto"，则示波器寻找触发，如果未找到，它将自动触发，而显示屏将立即显示输入信号。在这种情况下，显示屏顶部的 Auto 指示灯的背景将闪烁，表示示波器正在强制触发。

再次按 Run/Stop 将停止采集数据，按键将点亮为红色，可以对采集的数据进行平移和放大。按 Single 进行数据的单次采集，此时按键为黄色，直到示波器触发为止。

⑯Waveform 控制：使用 Acquire 键可以设置示波器以正常、峰值检测、平均或高分辨率模式进行采集（"采集模式"），还可打开或关闭实时采样。使用 Display 键可以选择无限余辉菜单、打开或关闭矢量或调节显示网格亮度。

⑰水平延迟控制：当示波器运行时，使用此控制装置可以设置触发点相应的采集窗口。当示波器停止时，可以转动此旋钮在数据中水平平移。这样就可以在触发之前（顺时针转动旋钮）或触发之后（逆时针转动旋钮）查看捕获的波形。

⑱Menu/Zoom 按键：按此键可以将示波器显示屏分成 Main 和 Delayed 部分的菜单，在此还可以选择 XY 和 Roll 模式。也可以选择水平时间／格游标，并在此菜单上选择触发时间参考点。

⑲水平扫描速度控制：转动此旋钮调节扫描速度。这将更改显示屏上每个水平格的时间。如果在已采集波形和且示波器停止后调节，则将产生水平拉伸或挤压波形的效果。

⑳Measure 控制：按 Cursors 键打开用于进行测量的游标。按 Quick Meas 键访问一组预定义测量。

㉑显示屏：显示屏对每个通道使用不同的颜色来显示捕获的波形。

㉒Entry 旋钮：Entry 旋钮用于从菜单选择项或更改值，其功能根据所显示的菜单而异。请注意，只要 Entry 旋钮可用于选择值，旋钮上方的弯曲箭头符号↻就会点亮。使用 Entry 旋钮在软键上显示的选项中进行选择。

㉓AutoScale 按键：按 AutoScale 键时，示波器将快速确定哪个通道有活动，将打开该通道并对其进行定标以显示输入信号。自动定标通过分析位于每个通道和外部触发输入中的任

何波形来自动配置示波器,使输入信号的显示效果达到最佳。

㉔软键:这些键的功能根据显示屏上键正上方显示的菜单而异。

4.1.2　功率计

功率计用来测试雷达发射机的输出功率和接收机频综的 J1-J4 各路输出。目前雷达站所使用的功率计大多为安捷伦的 E4418B 和 N1913A,功率探头为 8481A/N8481A。E4418B 功率计前面板如图 4-2 所示。

图 4-2　功率计前面板

使用前,先对仪器进行标定。

把功率探头连接至功率计的 POWER REF 处,如图 4-3。

点击"Zero/Cal"功能键,如图 4-4。

图 4-3　连接功率探头

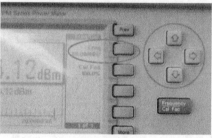

图 4-4　零校准功能键

"第一步"选择软键"Zero","第二步"选择软键"Cal",如图 4-5。

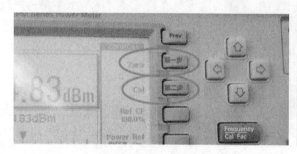

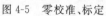

图 4-5　零校准、标定

图 4-6　设置中心频率

设置频率,如图 4-6、图 4-7、图 4-8。

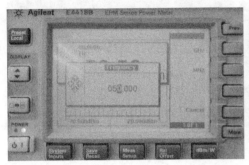
图 4-7　输入中心频率

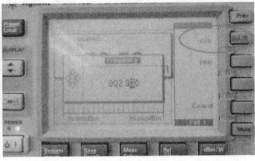
图 4-8　选择单位

完成以上步骤,即可进行功率测试。测量频综输出时,需要加 20 dB 固定衰减器,并进行偏置设置,偏置的设置方法如下:点击"System inputs",如图 4-9,进入设置页面 ,选择"Input Settings",如图 4-10。

图 4-9 仪表输入设置

图 4-10 输入参数设置

偏置数值根据所加的固定衰减器而设定,如图 4-11。功率探头 N8481A 的输入功率范围是-30～20 dBm,如图 4-12。如果输入功率超过 20 dBm 将烧毁探头,输入功率小于－30 dBm 则无法测量,选择固定衰减器使得输入功率处于测量范围中段进行测量。测试发射机输出时,总的偏置一般约为 70 dB 左右,同时需要设置占空比。

图 4-11　设置衰减偏置

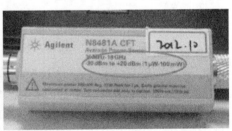
图 4-12　功率探头

功率单位的切换,如图 4-13。进入设置页面选择采用的单位,如图 4-14。

测量发射机功率(脉冲信号)时需要进行占空比设置,占空比设置方法如下:点击"System inputs",如图 4-15,图 4-16。

依次选择 Input Settings,More,Duty Cycle 设置,如图 4-17、图 4-18。

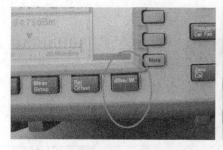

图 4-13　功率显示单位设置

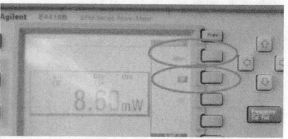

图 4-14　功率显示单位选择

图 4-15　仪表输入设置

图 4-16　输入参数设置

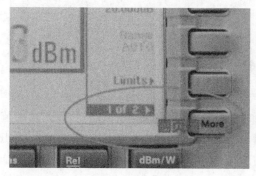

图 4-17　翻页显示

图 4-18　占空比设置

系统各测试点输出功率：

(1)接收机频综 4A1

J1:射频激励信号(RF DR1VE),峰值功率为 14 dBm。

J2:本振信号(STALO),输出功率为 14.85～17 dBm。

J3:射频测试信号(RF TRST SIGNAL),输出功率为 24 dBm。

J4:中频相干信号(COHO),频率为 57.55 MHz,功率≥10 dBm。

(2)发射机 高频激励器 3A4

高频输入 XS2:峰值功率 10 mW ＝10 dBm,脉冲宽度 10 μs。

高频输出 XS4:峰值功率≥48 W ＝ 46.8 dBm,顶降 ≤ 5%。

(3)发射机 高频脉冲形成器 3A5

高频输入 XS2:峰值功率 ≥ 48 W ＝ 46.8 dBm,脉冲宽度 10 μs。

高频输出 XS3:峰值功率 ≥ 15 W ＝ 41.8 dBm。

(4)发射机输出 1DC1 十字定向耦合器

峰值功率 $650\sim700$ kW（$88.1\sim88.5$ dBm）。

4.1.3　频谱仪

安捷伦 E4445A 型频谱仪前面板如图 4-19 所示，常用按钮解释如下。

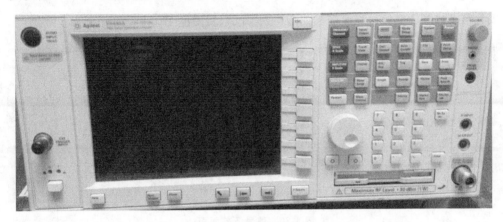

图 4-19　频谱仪前面板

FREQUENCY Channel　设置中心频率或起始和终止频率数值。

SPAN X Scale　设置扫描宽度。

AMPLITUDE Y Scale　修改参考电平幅度或刻度幅度。

MEASURE　可以对占用带宽、信道功率、频谱参数等一键测量。

Trace/View　查看或对比当前、历史曲线。

BW/Avg　设置视频带宽（VBW）或者分辨率带宽（RBW）相关参数。

Single　进行单次扫描。

Det/Demod　标记指示的读数为参考标记和当前激活的标记之间的幅度差。

Sweep　扫频时间设置。

Marker　标记频率或幅度。

Peak Search　搜索信号频谱峰值。

Enter　确认键。

Bk Sp　退出或清除数据。

Print　打印当前屏幕。

Save 保存当前曲线。

Preset 将频谱仪恢复出厂设置。

4.1.4　信号源

安捷伦 E4428C 型信号源前面板如图 4-20 所示,使用说明如下。

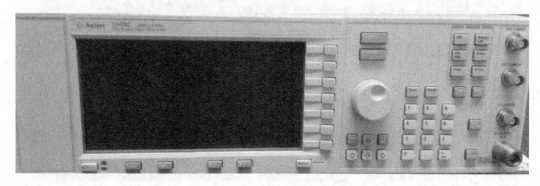

图 4-20　信号源前面板

(1)显示屏:LCD 屏幕提供了与当前功能有关的信息,其中可以包括状态指示灯、频率和幅度设置及错误信息。软功能键标注位于显示屏的右侧。

(2)软功能键:软功能键激活键的左面显示的标注指明的功能。

(3)数字小键盘:数字小键盘包括 0~9 个硬功能键、1 个小数点硬功能键、1 个减号硬功能键和 1 个 backspace 硬功能键。

(4)Arrows and Select (键盘和选择键):Select 和箭头硬功能键可以选择信号发生器显示屏上的项目进行编辑。

(5)Frequency(频率键):设置信号发生器的信号输出频率。

(6)Amplitude(幅度键):设置信号发生器的信号输出幅度。

(7)MENUS (菜单键):这些硬功能键打开软功能键菜单,可以配置仪器功能或访问信息。

 设置载波(RF)调制幅度。

 设置载波(RF) 调制频率。

Pulse 设置载波调制脉冲频率、幅度、脉冲来源等参数。

 进入用户首选项和远程操作首选项及打开仪器选件的菜单。

(8)Trigger (触发键):当触发模式设为 Trigger Key 时,这个硬功能键对列表扫描或步进扫描等功能立即引起触发事件。

(9)RF Output (RF 输出键),连接器说明见表 4-1。

表 4-1　连接器说明

类型	名称	技术指标
连接器	标配	母头 Type-N
	选件 1EM	后面板母头 Type-N
	阻抗	50 Ω
电平	限额	50 Vdc，2 W 最大 RF 功率

（10）RF On/Off（RF 开/关）：切换 RF OUTPUT 输出的 RF 信号的工作状态。

（11）Mod On/Off（调制开/关）：允许或禁止调制器调制载波信号。这个硬功能键不会设置或激活一种形式的调制格式。

（12）Knob（旋钮）：旋转旋钮提高或降低数字值，或把突出显示点移到下一个位、字符或列表项。

（13）Incr Set（增量设置键）：这个硬功能键可以设置目前激活的功能的增量值。根据旋钮当前的比率设置，增量值还影响着每次旋转旋钮改变激活函数值的量。

（14）Local（本地键）：这个硬功能键使远程操作无效，把信号发生器返回前面板控制，取消激活的功能项，取消长时间操作（如 IQ 校准）。

（15）Help（帮助键）：显示任何硬功能键或软功能键说明。显示帮助信息时，该键不能正常工作。使用步骤：1）按下 Help；2）按下所需帮助的键。

（16）Preset（预设键）：这些硬功能键把信号发生器设置成已知状态（出厂时的状态或用户自定义状态）。

（17）Return（返回键）：这个硬功能键可以返回到以前的按键操作。在一级以上的菜单中，Return 键退回到以前的菜单页面。

4.1.5　电池容量测试仪

目前广东省雷达站统一配备泰仕电子工业股份有限公司生产的 TES-32 型电池容量测试仪，可用来测试镍氢、锂、铅酸等充电式电池、碱性电池等的工况好坏。

现在蓄电池的使用已经非常普遍，对蓄电池进行准确快速地检测及维护也日益迫切。国内外大量实践证明，电压与容量无必然相关性，电压只是反映电池的表面参数。国际电工 IEEE-1188-1996 为蓄电池维护制订了"定期测试蓄电池内阻预测蓄电池寿命"的标准。中国信息产业部邮电产品质量检验中心也提出了蓄电池内阻的相关规范。蓄电池内阻已被公认是判断蓄电池容量状况的决定性参数。

蓄电池技术参数中，内阻值最为重要，直接影响到蓄电池转化效率，电池内阻越低越好；电解电池用久了，里面的电解液减少，内阻增大，蓄电能力降低。内阻与容量的相关性为：当电池的内阻大于初始值（基值）的 25％时，电池将无法通过容量测试；当电池的内阻大于初始值的 2 倍时，电池的容量将在其额定容量的 80％以下。雷达站 UPS 包含多块 12V 100AH 的铅酸蓄电池，单块电池内阻应在 6mΩ 以内，内阻超过 10mΩ 的蓄电池应该进行更换。

1. 使用注意事项

（1）最大输入直流电压为 50 V，应当以标称电压充电。

（2）当电池电力不足时，则 LCD 上将出现 BT 指示，表示必须更换电池 6 只。

（3）热机时间：为保证测量准确性，至少开机 10 min 后再测量。

TES-32 型的电池容量测试仪能够实现蓄电池内阻的在线测量，无需将蓄电池开路。

2. 测量步骤

（1）第一步，归零调整（REL）

归零调整功能，可将本测试器的电阻及电压挡位调整至零值。在归零调整期间会将读取值去除而视为零，以作为下一个测量前的校正。

①将测试棒红色及黑色端子短路，如图 4-21。

②按 REL 键，显示器出现 R 符号，然后电阻及电压值变成零，再连接测试棒至被测电池。

③归零调整只有电源维持开机且在该被选择电阻及电压挡位有效情况下才适用。

（2）第二步，蓄电池测量

①连接红色测试线插头至"＋"插座及黑色测试线插头至"－"插座。

②按电源键开机。

③连接红色测试棒至被测电池正极端（＋）及黑色测试棒至被测电池负极端（－），如图4-22。

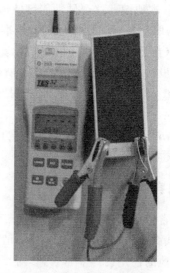

图 4-21　电池容量测试仪　　　　　图 4-22　电池容量测试仪连接方式

④使用 V-RANGE 和 Ω-RANGE 键，设定至所需的电压及电阻挡位，雷达 UPS 电池测量应选择 40V 电压挡和 40mΩ 电阻挡。

⑤从显示器上读出电池内部电阻及直流电压值。

4.2　技术指标

4.2.1　总体性能指标

双偏振雷达总体性能指标如表 4-2 所示。

表 4-2　总体性能指标

序号	项目	性能指标
1	工作方式	
1.1	发射	同时发射水平/垂直线偏振 单发水平线偏振
1.2	接收	同时接收水平/垂直线偏振
2	工作频率	2700～3000 MHz 点频可选
3	探测范围	
3.1	探测距离范围	探测距离≥460 km(反射率,单偏振) 测量距离≥230 km(反射率、速度、谱宽、双偏振量,双偏振)
3.2	径向分辨率	250 m
4	探测参数	反射率因子、径向速度、谱宽、差分反射率、差分传播相移、零延迟相关系数、线退偏振比、比差分传播相移
5	参数测量精度(均方误差)	
5.1	反射率因子 分辨率	≤1 dBZ ≤0.5 dBZ
5.2	径向速度 分辨率	≤1 m/s ≤0.5 m/s
5.3	速度谱宽 分辨率	≤1 m/s ≤0.5 m/s
5.4	差分反射率因子	≤0.2 dB
5.5	差分传播相移 Φ_{dp}	≤3°
5.6	差分传播相移率 K_{dp} 分辨率	≤0.1°/km
5.7	零延迟互相关系数 $\rho HV(0)$	≤0.01°
5.8	线性退偏振比 L_{dr}	≤0.3 dB
6	环境适应性	
6.1	工作环境温度	+10℃～+35℃(室内) -40℃～+49℃(室外)
6.2	工作环境湿度	20%～80%(室内) 15%～100%(室外)
6.3	抗风能力	能抵抗风速为 60 m/s 持续大风
7	电源	三相四线,380V±10%,50Hz±2%,具有市电滤波和防电磁干扰、无线电频率干扰的能力,符合电磁容性(EMC),电磁干扰(EMI),无线电频率干扰(RFI)的国际标准。
8	可靠性	MTBF:≥800 h MTTR:≤0.5 h
9	连续开机时间	7 d×24 h 连续

序号	项目	性能指标
10	保护功能	具有防雷、过流、短路保护、过热保护、过压保护
11	网络通信	雷达系统支持基于 100 M/1000M 网络的 TCP/IP 和 FTP 协议
12	数据采集和状态监控工作站	双偏振雷达数据获取和状态监控软件 DRDA
13	产品生成工作站:	双偏振气象产品生成软件 DRPG
14	产品显示工作站	双偏振气象产品显示软件 DPUP
15	安全性	(1)应有高压储能元件放电装置,机柜门安全开关,有保护性开关和安全警告标牌; (2)微波辐射漏能符合国家规定; (3)故障报警和重要部件如发射机、天线控制等的自动保护功能
16	其他	防水、防霉、防盐雾、防风沙,在海拔 3000 m 以下的高山以及沿海地区和岛屿工作
备注	双偏振参数的均方误差要求信噪比>20 dB	

4.2.2 天馈系统性能指标

双偏振雷达天馈系统性能指标如表 4-3 所示。

表 4-3 天馈系统性能指标

序号	项目	性能指标
1	天线形式	中心馈电,实面天线
2	天线口径	双极化旋转抛物面,直径≥8.5 m
3	偏振方式	水平/垂直
4	波束宽度 H 面	≤1°(3 dB)
	波束宽度 V 面	≤1°(3 dB)
5	天线增益 H 面	≥44 dB
	天线增益 V 面	≥44 dB
6	副瓣电平	第一副瓣电平≤ −29 dB
7	天线方向性	≤0.1°
8	双通道隔离度	≥35 dB
9	天线扫描方式	PPI、RHI、体扫、扇扫、任意指向、监测扫描
10	扫描范围、速度	PPI:0°～360°连续扫描,最大速度≥60°/s,误差≤5%; RHI:−1°～90°往返扫描,最大速度≥36°/s,误差≤5%
11	体积扫描	由一组 PPI 扫描构成,最多可到 30 个 PPI,仰角可预置,仰角的范围为 0°～90°
12	扇形扫描	任意两个方位或仰角区间内的 PPI、RHI,方位角、仰角可预置
13	加速度	方位、俯仰加速度大于 $15°/s^2$
14	天线控制方式	预置全自动、人工干预自动、本地手动控制

序号	项目	性能指标
15	天线定位精度	方位、仰角均应≤0.05°
16	天线控制精度	方位、仰角均应≤0.05°
17	BITE	具有机内故障自动检测电路
18	安全保护	具有安全保护装置

4.2.3　发射分系统性能指标

双偏振雷达发射分系统性能指标如表 4-4 所示。

表 4-4　发射分系统性能指标

序号	项目	性能指标
1	工作形式	全相参速调管放大链
2	工作频率	2700～3000 MHz 点频可选
3	脉冲峰值功率	≥650 kW
4	发射脉冲宽度	1.57±0.10 μs(窄脉冲); 4.70±0.25 μs(宽脉冲)
5	发射输出极限改善因子	≥58 dB
6	脉冲重复频率	322/446/644/857/1014/1095/1181/1282
7	参差重复频比	2/3、3/4、4/5
8	速调管寿命	≥20000 h
9	调制器形式	全固态调制器
10	控制方式	本地控制/遥控
11	状态监控及故障告警	冷却、低压、高压准加、高压指示;故障报警指示;高压工作,时间指示、温度指示、主要工作参数指示
12	发射双通道一致性标校	使用在线自动测试方法,对两个发射通道的功率进行高精度测量并自动订正
13	安全保护	发射机柜门安全连锁、高压电路放电装置、发射机故障自锁等

4.2.4　接收分系统性能指标

双偏振雷达接收分系统性能指标如表 4-5 所示。

表 4-5　接收分系统性能指标

序号	项目	性能指标
1	接收方式	全相参超外差式、双通道数字中频接收机
2	频率短期(1 ms)稳定度	≤5×10^{-11}
3	接收系统动态范围	≥115 dB
4	噪声系数(H 和 V 通道)	双通道均满足:≤3 dB,且差异≤0.3 dB

序号	项目	性能指标
5	镜频抑制	≥60 dB
6	寄生响应：	≤−60 dBc
7	灵敏度	≤−110 dBm(1.57 μs) ≤−114 dBm(4.7 μs)
8	接收机输出(数字信号)	I,Q 信号
9	在线校准和性能检查	
9.1	线性通道反射率自动校准	每次扫描开始时,用不同强度信号进行校准并根据测试结果对反射率值进行调整,如果测试值超限,产生告警信号
9.2	自动系统相干性检查	系统定期使用延迟的速调管输出测试信号对系统的相干性进行检查。若测试值超限,则产生告警信号
9.3	自动速度、谱宽检查	改变测试信号相位,通过对测试信号的检查结果与预置值比较,如结果超限,则产生告警信号
9.4	自动噪声电平校准	在每次扫描前执行一次,如果噪声电平超限,则产生告警信号
9.5	自动系统噪声温度检查	每次扫描前执行一次,如果测试结果超限,则产生相应的告警
9.6	接收双通道一致性自动标校	将测试信号输入至天线口面以下(俯仰关节与正交喇叭之间)的水平和垂直通道,经馈线后进入双通道接收机,中频处理后送入信号处理器并对输出信号进行计算,得出两个通道的幅度/相位差并自动修正

4.2.5　数字中频性能指标

双偏振雷达数字中频性能指标如表 4-6 所示。

表 4-6　数字中频性能指标

序号	项目	性能指标
1	中频信号输入通道数量	≥4 路,分别用于水平、垂直,BURST 及备用通道
2	动态范围	≥115 dB(H 和 V 通道)
3	A/D 转换器分辨率	≥16 bit
4	采样率	50～100 MHz
5	采样时钟抖动	<1 ps
6	最小距离分辨率	15m(精度为±1.5 m)
7	最大的距离单元数	2048
8	相位稳定度	速调管发射机:优于 0.1°
9	Burst 脉冲采样分析功能	对发射脉冲进行采样分析,并用于回波的 I,Q 修正
10	主要处理功能	PPP,DFT 杂波抑制
11	数据输出	Z、V、W、SQI、Z_{dr}、L_{dr}、$RHOHV$、Φ_{dp} 以及 K_{dp}、I/Q
12	双偏振方式	双发双收、单发双收
13	双重频速度解模糊	具有 3/2,4/3 和 5/4 三种双脉冲重复频率功能

序号	项目	性能指标
14	数据传输	光纤或 RJ45
15	积分次数	(1)强度处理方位积分次数为 16～512 可选； (2)速度、谱宽处理的脉冲对样本数为 16～512 可选； (3)FFT 的点数为 16～512 可选
16	雷达控制	通过雷达监控软件可以控制并指示雷达发射、发射机高压通/断；天线扫描方式切换；接收机工作状态设置；信号处理参数设置等
17	雷达状态监控	对雷达系统主要工作参数、状态信息进行采集并在本地以及雷达终端计算机上进行显示,对于处于异常状态的组件进行提示
18	雷达故障检测	在各个分系统、分机和组件均设置故障检测点,当雷达出现故障时,故障检测电路将能够检测到故障并对可更换单元(LRU)进行故障定位
19	雷达标校	(1)用太阳法天线对方位角、仰角、差分反射率进行检查和标校； (2)采用 I、Q 相角法和单库 FFT 两种方法对雷达系统相干性进行检测

4.2.6　软件

双偏振雷达软件项如表 4-7 所示。

表 4-7　软件列表

序号	名称	性能指标
1	信号处理软件	SPS 软件
2	雷达数据采集和监控软件	RDASC 软件
3	雷达标定软件	RDASOT 软件
4	雷达产品生成软件	RPG 软件
5	雷达主用户处理软件	PUP 软件
6	雷达宽带、窄带通信软件	雷达宽带、窄带通信软件

4.2.7　气象产品

双偏振雷达气象产品项如表 4-8 所示。

表 4-8　气象产品

序号	名称
1	差分反射率(Z_{dr})
2	差分传播相移 Φ_{dp},比差分传播相移(K_{dp})
3	相关系数($\rho HV(0)$)
4	退偏振比(L_{dr})
5	基本反射率(R)
6	基本速度(V)

序号	名称
7	基本谱宽(SW)
8	用户可选降水(MSP)
9	混合扫描反射率(HSR)
10	组合反射率(CR)
11	组合反射率等值线(CRC)
12	回波顶高(ET)
13	回波顶高等值线(ETC)
14	强天气分析(反射率)(SWR)
15	强天气分析(速度)(SWV)
16	强天气分析(谱宽)(SWW)
17	强天气分析(切变)(SWS)
18	强天气概率(SWP)
19	降水分类
20	雨滴谱反演
21	VAD 风廓线(VWP)
22	反射率垂直剖面(RCS)
23	速度垂直剖面(VCS)
24	谱宽垂直剖面(SCS)
25	弱回波区(WER)
26	局部风暴相对径向速度(SRR)
27	风暴相对径向速度(SRM)
28	垂直积分液态水含量(VIL)
29	风暴追踪信息(STI)
30	冰雹指数(HI)
31	中尺度气旋(M)
32	龙卷涡旋特征(TVS)
33	风暴结构(SS)
34	组合反射率平均值(LRA)
35	组合反射率最大值(LRM)
36	用户报警信息(UAM)
37	自由文本信息(FTM)
38	1 小时降水(OHP)
39	3 小时降水(THP)
40	风暴总降水(STP)
41	补充降水数据(SPD)
42	速度方位显示(VAD)

序号	名称
43	综合切变(CS)
44	综合切变等值线(CSC)
45	反射率 CAPPI(CAR)
46	速度 CAPPI(CAV)
47	谱宽 CAPPI(CAS)
48	反射率 PPI(PPR)
49	速度 PPI(PPV)
50	谱宽 PPI(PPW)
51	反射率 RHI(RHR)
52	速度 RHI(RHV)
53	谱宽 RHI(RHS)

4.3　发射机

大纲要求:发射机所进行的测试项目有发射射频脉冲包络、发射机输出功率、发射机射频频谱、发射机输入端及输出端极限改善因子等。

SA 雷达技术指标:S 波段要求宽、窄两种脉冲包络;发射机输出功率≥650 kW;发射频谱应达到国家有关的标准和要求;发射机输出端极限改善因子应≥58 dB(高重复频率时);发射机输入端极限改善因子应≥61 dB(高重复频率时)。

4.3.1　发射射频脉冲包络

测量项目:测量发射机输出的射频脉冲包络的宽度 $\tau(-3\ dB)$、上升沿 τ_r、下降沿 τ_f 和顶部降落 δ。

指标要求:窄脉冲 $1.57\pm0.1\ \mu s$;宽脉冲 $4.70\pm0.25\ \mu s$;输出脉冲前后沿≥0.12 μs;顶降≤5%。

使用仪器:示波器,检波器,7 dB 衰减器,BNC 测试电缆,N 型测试电缆。

测试方法:N 型测试电缆与发射机定向耦合器 1DC1 的耦合输出端连接时,应通过 30 dB 固定衰减器,如图 4-23。N 型测试电缆测试端连接 7 dB 衰减器后接入检波器,经 BNC 测试电缆接入示波器,如图 4-24。

发射机预热完毕后,打开高压,并切换至"本控""手动"模式。

在 RDA 计算机上运行 RDASOT 程序,进入"软件示波器",如图 4-25。

选择使用待测的脉冲重复频率,点击"开始"键开始发射脉冲,如图 4-26。

在 3A1 控制面板上按"高压开"打开高压发射,开始用示波器测量脉冲包络。测量完毕后,必须先在 3A1 控制面板上按"高压关"关闭高压发射,再点击"软件示波器"的"停止"按键,最后修改脉冲发射频率。需要牢记,严禁在加高压发射期间切换宽窄脉冲! 否则将烧毁人工线。测量时间也不可过久。

图 4-23　1DC1 耦合器的输出连接 30 dB 固定衰减器

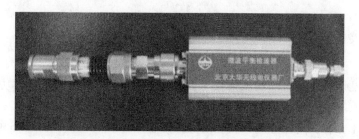

图 4-24　7 dB 固定衰减器与平衡检波器连接

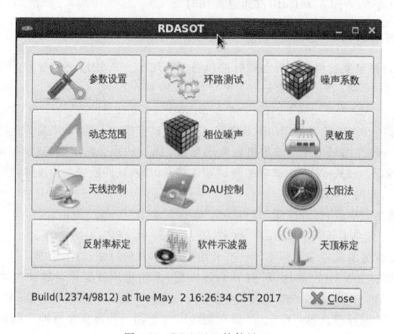

图 4-25　RDASOT 软件界面

图 4-26　软件示波器界面

示波器使用如下：

示波器在使用检波器测量脉冲包络时，匹配阻抗选择 50Ω。按下"MENU"键，在屏幕显示区域将匹配阻抗选择在 50(Ω)，如图 4-27。

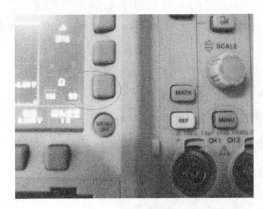

图 4-27　匹配阻抗设置

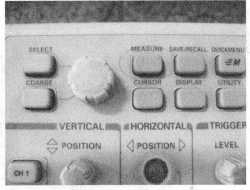

图 4-28 示波器测量

按下示波器功能键上方的"MEASURE"键，如图 4-28。

在屏幕显示区域选择"上升时间""下降时间""正脉冲宽度"，如图 4-29、图 4-30。

图 4-29　边沿时间测量

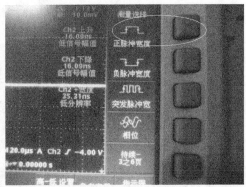

图 4-30　脉冲宽度测量

调整"POSITION"和"SCALE"键,将波形调整到屏幕中间位置,高度、宽度合适,如图 4-31。在屏幕右侧读出上升时间、下降时间、脉冲宽度,如图 4-32。

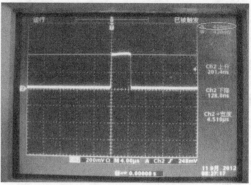

图 4-31　脉冲显示宽度调整　　　　　　　　图 4-32　发射脉冲显示及测量

按"CURSOR"键调出水平测量刻度线测量两线之间的差值 DELTA,利用"SELECT"键和"POSITION"旋钮分别将两条水平线定位到波形顶部的上沿和下沿,从而计算顶降,如图 4-33。

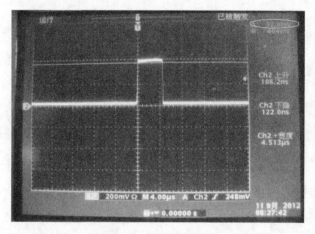

图 4-33　脉冲顶降测量

4.3.2　发射机输出功率测量

大纲要求:用外接仪表(大功率计或小功率计)及机内功率检测装置对不同工作比时的发射机输出功率进行测量,雷达正常运行时,外接仪表与机内检测装置同时测量值的差值应≤0.4 dB。

1. 外接仪表测量

测量仪表:功率计:Agilent N1913A,探头:N8481A

首先进行功率计校准,如图 4-34 连接功率计探头。

按下 channel 键,将频率设置为发射机主频,之后按下 Offsets 键,如图 4-35。

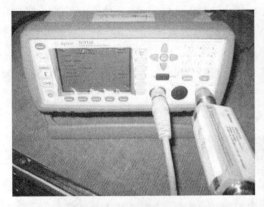

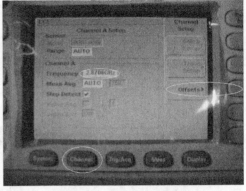

图 4-34　安捷伦 N1913A 功率计　　　　　　图 4-35　中心频率设置

　　取消功率偏置和占空比设置,移动功率计面板上的方向箭头将图示里的两个对钩去掉,如图 4-36。

　　按下"Cal"键,如图 4-37。

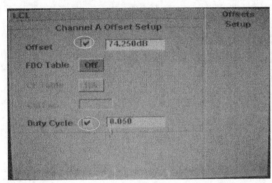

图 4-36　衰减偏置、占空比设置　　　　　　图 4-37　校准键

　　根据屏幕显示,按下"Zero+Cal"键,如图 4-38,仪器开始自动校准。

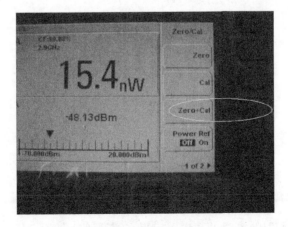

图 4-38　自动校准

待仪器校准完成后,将功率计探头与发射机测试线缆通过 7 dB 衰减器连接紧密,如图 4-39,将 Offset 设置为发射机定向耦合器到功率计探头的所有衰减之和,将 Duty Cycle 设置为当前频率下的占空比,并将此前去掉的两个勾重新勾选上。

所有衰减之和=定向耦合器耦合值+30 dB 固定衰减器+线缆衰减值+其他衰减值(0.5 dB)+7 dB 固定衰减器。

占空比=(当前脉宽(μs)×重复频率(Hz)/1000000)×100%

图 4-39 功率计探头与 7 dB 衰减器连接

2. 机内功率测量

该测量结果在 RDASC 运行第一个 0.5°以后即可在 RTW 的"Performance"菜单中查找,如图 4-40。

图 4-40 机内功率测量

4.3.3 发射脉冲射频频谱

测量发射脉冲射频频谱,测量的频谱图应附在测试记录中。

使用仪器:频谱仪

指标要求：工作频率±5 MHz处≤60 dB。

仪器连接：将发射机测试线缆通过 7 dB 固定衰减器直连至频谱仪输入端。

首先设置中心频率，点击"FREQUENCY Channel"，如图 4-41。

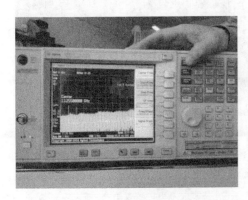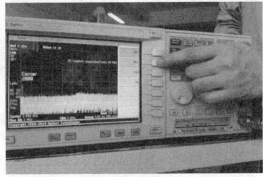

图 4-41　中心频率设置　　　　　　　　图 4-42　单位选择

　　数字键盘区输入本机中心频率，点击屏幕右侧按钮确认单位，如图 4-42 输入的中心频率是 2800 MHz。

　　点击"SPAN X Scale"输入 50 MHz，如图 4-43。

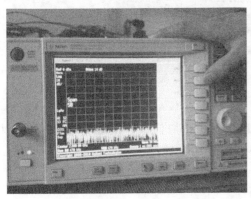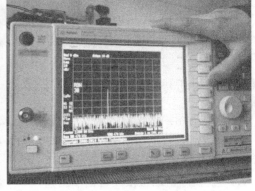

图 4-43　设置显示频率范围　　　　　　图 4-44　设置解析带宽

　　点击"BW/Avg"输入 30kHz 解析带宽，如图 4-44。

　　点击"Trace/View"，如图 4-45。

　　点击屏幕右侧"Max Hold"按钮，如图 4-46，依次点击按键"Peak Search" →"Marker"→"Normal" →"Delta"。旋动旋钮即可读出相应点的频谱，记录数据，如图 4-47。

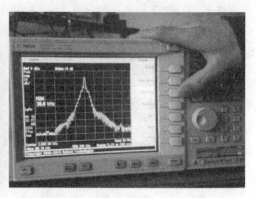

图 4-45　频谱显示　　　　　　　　图 4-46　频谱廓线显示

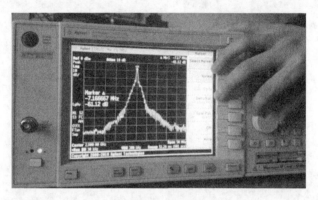

图 4-47　测量谱宽

4.3.4　发射机极限改善因子测量

大纲要求：用频谱仪检测信号功率谱密度分布，从中求取信号和相噪的功率谱密度比值（S/N），根据信号的重复频率（PRF），谱分析带宽（B），计算出极限改善因子（I）。测量的信号功率谱密度分布图应附在测试记录中。

1. 发射机输出端极限改善因子测量

对雷达高重复频率（1000 Hz 左右）和低重复频率（600 Hz 左右）时的发射机极限改善因子分别进行测量。

实际测量中使用的高重复频率是 1282 Hz，低重复频率是 644 Hz。

测量仪表：频谱仪。

指标要求：发射机输出极限改善因子应优于 58 dB，发射机输入极限改善因子应优于 61 dB。

计算公式：$I=S/N+10\lg B-10\lg F$。式中：I 为极限改善因子（dB），S/N 为信号噪声比（dB），B 为频谱仪分析带宽（Hz），PRF 为发射脉冲重复频率（Hz）。

首先设置中心频率，点击"FREQUENCY Channel"，如图 4-48。

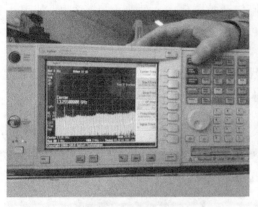

图 4-48　中心频率设置

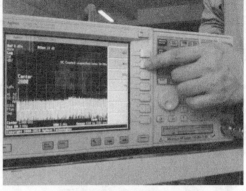

图 4-49　单位选择

数字键盘区输入本机中心频率,点击屏幕右侧按钮确认单位,如图 4-49 输入的中心频率是 2800 MHz。

点击"SPAN X Scale",如图 4-50。

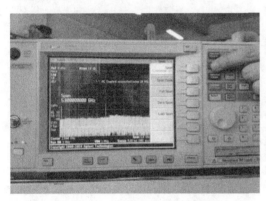

图 4-50　设置显示频率范围

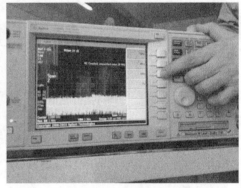

图 4-51　单位选择

重复频率 644 Hz 设置为 1 kHz,重复频率 1282 Hz 设置为 2 kHz。数字键盘区域输入数值,屏幕右侧按钮选择单位,如图 4-51。

点击"AMPLITUDE Y Scale",如图 4-52。旋转旋钮,调整图形位于窗口的合适位置,如图 4-53。

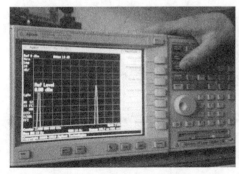

图 4-52　频谱高度显示范围调整

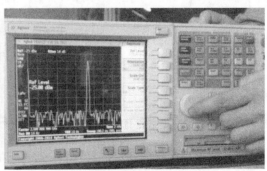

图 4-53　使高度显示合理

　　再次点击"FREQUENCY Channel"，通过旋钮调整窗口中心的频率显示范围，如图 4-54。点击"BW/Avg"，如图 4-55。

　　数字键盘输入 3Hz 解析带宽，如图 4-56。

　　同级菜单中选择"Average"使之处于"ON"状态，如图 4-57，一般取 10 次平均数字键盘输入 10 后，点击屏幕旁的按钮"ENTER"进行确认，即为平均 10 次。

　　点击"Peak Search"，如图 4-58。

　　点击"Marker"，如图 4-59。

　　屏幕右侧点击按钮，选择"Delta"，如图 4-60。

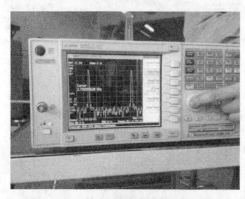

图 4-54　调整频率显示范围

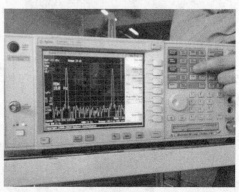

图 4-55　设置解析带宽

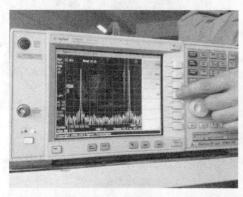

图 4-56　选择单位

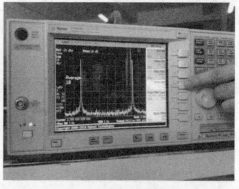

图 4-57　设置滑动平均

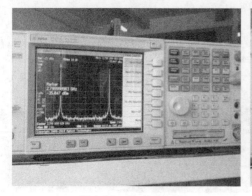

图 4-58　Peak Search

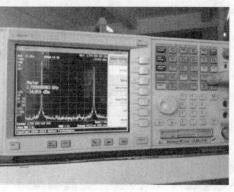

图 4-59　Marker

输入 1/2 PRF 的数值,查看信噪比,如图 4-61。

结果如图 4-62。

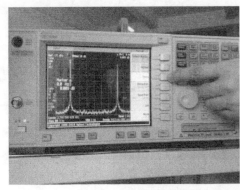

图 4-60　Delta　　　　　　　　　　图 4-61　输入 1/2 PRF

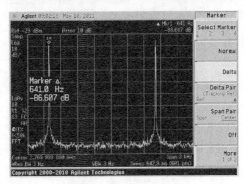

图 4-62　极限改善因子

2. 发射机输入端极限改善因子测量

测试方法同上,但是测量点的位置改为可变衰减器输出端,如图 4-63。

图 4-63　发射机输入极限改善因子测量点

4.4　接收机

接收机所进行的测试项目有噪声系数、最小可测信号功率和接收系统动态特性、中频频率、中频带宽等，其中中频频率、中频带宽、ADC 速率、频综短期（1 ms）频率稳定度，以分机测试报告以及频率源测试报告为依据进行检查。频综具有相位编码受控功能，在功能检查中进行检查。

4.4.1 噪声系数测量

指标要求：水平和垂直双通道均满足≤0.3 dB，且差异≤0.3 dB，接收机噪声系数用外接噪声源和机内噪声源测量。外接噪声源和机内噪声源测量的差值应≤0.2 dB。

1. 外接噪声源测量噪声系数

（1）外接噪声源由接收机前端（无源限幅器输入端）输入，未含保护器 0.5 dB 损耗，测试点在接收机模拟输出端（混频/前中输出），采用噪声系数测试仪直接读出噪声系数。

外接噪声源　型号：Agilent 346B；噪声系数测试仪型号：E4445A

测量数据及计算结果：

水平通道噪声系数(dB)	1.49
垂直通道噪声系数(dB)	1.36

（2）外接噪声源由接收机前端（无源限幅器输入端）输入，未含保护器 0.5 dB 损耗，测试点在终端，软件读出噪声系数。

机外噪声源由频谱仪供电，使用 BNC 电缆连接频谱仪背面的＋28 V 供电口和噪声源，噪声源连接无源限幅器前端。依次选择频谱仪的"MODE"→"Noise Figure"→"Monitor Spectrum"→"Source"，进入机外噪声源的供电控制界面。按下"Source"右侧实体键可切换是否给噪声源供电，"off"为冷态，"on"为热态。在冷态测量时，外接噪声源供电需打到"off"，热态测量时，供电打到"on"。

测量前根据噪声源铭牌标注以及雷达中心频率计算超噪比，输入 RDASOT 软件的 ENR 项。测量水平通道时，外接噪声源连接在水平通道接收机前端，测量垂直通道时需将噪声源连接至垂直通道接收机前端，恢复水平通道。

外接噪声源　型号：Agilent 346B

有效超噪比 ENR(dB)　　14.70

计算公式：$N_F = \text{ENR} - 10\lg[(P_2/P_1) - 1]$

式中：P_1(Cold)为断开噪声源的读数；

P_2(Hot) 为接通噪声源的读数；

N_F(Noise Figure)为计算机处理后的显示数。

测量时先进行冷态测试，频谱仪设置为"off"，RDASOT 软件选择机外、冷态、窄脉冲、水平/垂直通道，输入超噪比，鼠标点击"测试"键，开始测试 5 组数据。冷态测试完毕后，频谱仪设置为"on"，RDASOT 选择热态，再次测试 5 次，得到测试结果。水平通道测试结果如图 4-64，垂直通道测试结果如图 4-65。

水平通道噪声系数测试数据：1.55 dB。

图 4-64　机外信号源测试水平通道噪声系数

垂直通道噪声系数测试数据：1.47 dB。

图 4-65　机外信号源测试垂直通道噪声系数

2. 机内噪声源测量噪声系数

用机内噪声源由四位开关输入，直接用软件读出整个系统的噪声系数。通过更改超噪比保证机内和机外噪声系数一致，机内噪声测试含保护器，按 0.5 dB 计算。

噪声温度(T_N)与噪声系数 N_F 的换算公式为：$N_F = 10\lg[T_N/290+1]$

噪声源型号：CRD4－A25－00－00　超噪比：68.10 dB

如图 4-66，水平通道机内噪声系数测试数据：2.06 dB

图 4-66　机内信号源测试水平通道噪声系数

如图 4-67，垂直通道机内噪声系数测数据：2.04 dB

图 4-67　机内信号源测试垂直通道噪声系数

4.4.2　接收系统动态特性测试

接收系统指从雷达的接收机前端，经接收支路、信号处理器到终端。系统动态特性的测量采用信号源产生的信号，由接收机前端注入（信号可用外接信号源或机内信号源产生），在数据终端读取信号的输出数据。改变输入信号的功率，测量系统的输入输出特性。

根据输入输出数据，采用最小二乘法进行拟合。由实测曲线与拟合直线对应点的输出数据差值≤1.0 dB 来确定接收系统低端下拐点和高端上拐点，下拐点和上拐点所对应的输入信号功率值的差值为系统的动态范围。双极化新一代天气雷达要求接收系统的动态范围≥115 dB，拟合直线斜率应在 1 ± 0.015 范围内，线性拟合均方根误差≤0.5 dB。机外信号和机内信号与接收机前端输入点必须相同。

1. 外接信号源测量接收系统动态特性

（1）测量仪表：以 Agilent E8527D 信号源为例。

利用网线连接 RDA 计算机和信号源，然后将 RDA 计算机和信号源的 IP 地址设置为同一网段。查询信号源的 IP 地址，仪器 IP 地址路径如下图"Utility"→"GPIB/RS-232"→"LAN Setup"→"IP Adress"，如图 4-68。

RDA 中 IP 地址如下方法设置，鼠标单击"System"→"Administration"→"Network"，如图 4-69。

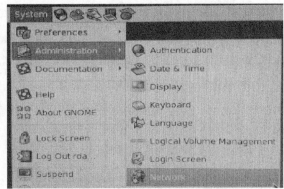

图 4-68　信号源 IP 读取　　　　　　图 4-69　RDA 计算机 IP 设置

得到如下菜单，如图 4-70，鼠标单击选中框。

设置 IP 地址与仪器同一网段，如图 4-71。

然后点击"Activite"，如图 4-72。

在随后的对话框中分别点击"Yes""Ok"，如图 4-73。如果根据 RDA 的 IP 来修改信号源的 IP 地址，修改完后需要重启信号源。

（2）系统的连接

断开数控衰减器和 W53 射频线缆的连接，将信号源输出与 W53 线缆连接。也可以在机柜顶部的功分器处拆开输入端，直接将信号源的输出与功分器输入端连接。使得信号源的输出信号在接收机保护器输入接收通道。

（3）软件的设置

打开 RDASOT 软件，鼠标点击"参数设置"，如图 4-74。

图 4-70　RDA 计算机 IP 设置 2

图 4-71　RDA 计算机 IP 设置 3

图 4-72　RDA 计算机 IP 设置 4

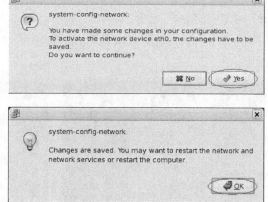

图 4-73　RDA 计算机 IP 设置 5

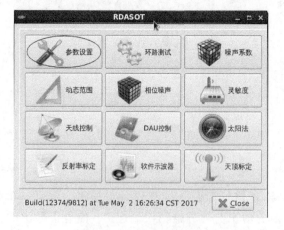

图 4-74　参数设置模块选择

图 4-75　输入信号源 IP

在弹出的对话框中设置如下：首先将控制信号源的对钩选中，然后输入信号源的 IP 地址和发射机的中心频率，保存后退出，如图 4-75。

（4）测试方法

在 RDASOT 中进入"动态范围"模块，如图 4-76。

图 4-76　动态范围模块选择

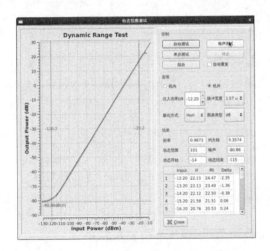

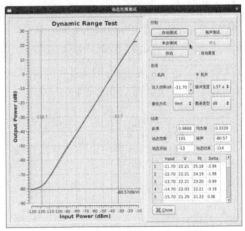

图 4-77　机外信号源测试水平通道动态　　　　图 4-78　机外信号源测试垂直通道动态

选择"机外""dBZ"，然后点击"自动测试"，则计算机控制信号源自动完成机外动态的测试，水平和垂直通道动态范围分别如图 4-77 和图 4-78 所示。

测试数据保存在"computer/filesystem/opt/rda/log/Dyntest_date.txt"。

2. 机内信号源测量接收系统动态特性

做机内动态时应注意要将"参数设置"中的控制信号源的对钩去掉，在"动态范围"模块选"dBZ""机内"，然后点击"自动测试"，多次的测试结果按时间顺序保存，水平和垂直通道的测试结果分别如图 4-79 和图 4-80。

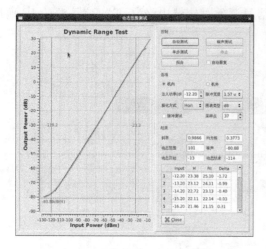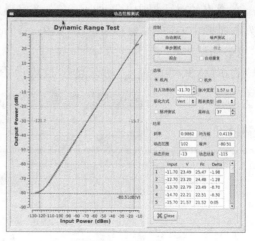

图 4-79　机内信号源测试水平通道动态　　　　图 4-80　机内信号源测试垂直通道动态

4.4.3　系统相干性

1. I,Q 相角法

将雷达发射射频信号经衰减延迟后注入接收机前端,对该信号放大、相位检波后的 I,Q 值进行多次采样,由每次采样的 I,Q 值计算出信号的相位,求出相位的均方根误差 $\sigma\phi$ 来表征信号的相位噪声。在测试时,取其 10 次相位噪声 $\sigma\phi$ 的平均值来表征系统相干性。

指标要求:S 波段雷达相位噪声$\leqslant$0.06°。

测试方法:发射机预热完毕后打到遥控、自动的位置。

双偏振雷达在同步运行时,只有开关机才做此标定,在文件 opt/rda/log/yyyymmdd_Calibration. log 中记录结果,如图 4-81。

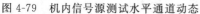
```
UNFILTERED POWER = 11.95  FILTERED POWER = -43.02  PHASE NOISE =0.102275
UNFILTERED POWER = 11.97  FILTERED POWER = -49.02  PHASE NOISE =0.051120
UNFILTERED POWER = 11.93  FILTERED POWER = -51.39  PHASE NOISE =0.039110
UNFILTERED POWER = 11.98  FILTERED POWER = -48.74  PHASE NOISE =0.052754
```

图 4-81　相位噪声测量

当 σ_ϕ 小于 5°时可近似的用来估算系统的地物对消能力,其转换公式为:

$$L = -20\lg(\sin\sigma_\phi)。$$

2. 单库 FFT 谱分析法测量系统极限改善因子

将雷达的发射射频信号经衰减延迟后注入接收机前端,在终端显示器上观测信号处理器对该信号作单库 FFT 处理时的输出谱线(不加地物对消),从谱分析中读出信号和噪声的功率谱密度比值(S/N),由雷达脉冲的重复频率(PRF)、分析带宽(B),计算出极限改善因子(I)。

指标要求:理论上应与发射机输出极限改善因子一致,$\geqslant$58 dB。

测试方法:首先发射机本控状态下开高压,然后选择 RDASOT 中的"软件示波器"项,并按图 4-82 示进行设置。

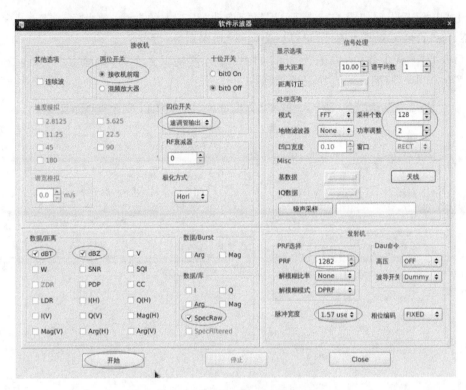

图 4-82　软件示波器参数设置

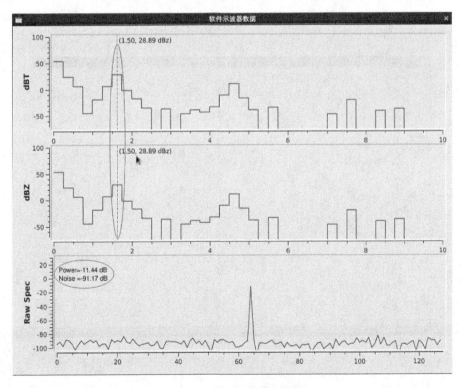

图 4-83　极限改善因子测量

　　点击"开始"后出现如图 4-83 界面,用鼠标拖动"dBZ"上的虚线,寻找"Raw Spec"中"Power"与"Noise"的最大差值并记录,可以适当调整"功率调整"数值。

　　然后改变"采样个数"的数值为 256,如图 4-84,重复以上步骤,继续寻找"Raw Spec"中"Power"与"Noise"的最大差值并记录,如图 4-85。

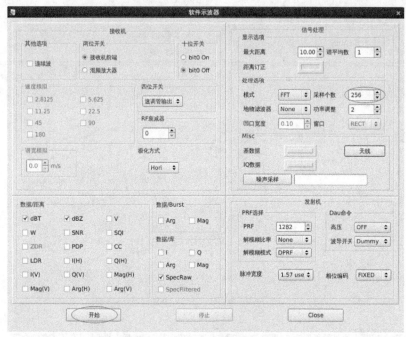

图 4-84　软件示波器参数设置

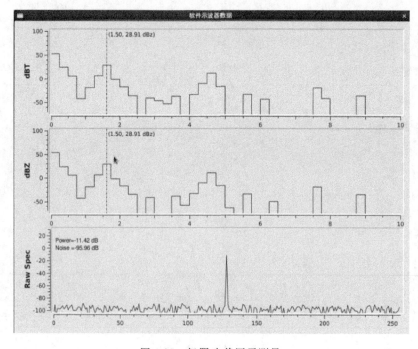

图 4-85　极限改善因子测量

将记录到的数据套入计算公式：$I=S/N+10\lg B-10\lg PRF$。

分析带宽 B 与单库 FFT 处理点数 n、雷达脉冲重复频率 PRF 有关，即 $B=F/n$，因此上式可改写为 $I=S/N-10\lg n$。

4.4.4　地物对消能力检查

采用滤波前后功率比估算地物对消能力和单库 FFT 估算地物对消能力两种方法可任选一种方法检验系统的地物对消能力。以下主要介绍根据滤波前后功率比估算地物对消能力的方法。

将雷达发射射频信号经衰减延迟后注入接收机前端，信号处理器（PPP 模式）分别估算出滤波前后的信号功率，其比值表征系统的地物对消能力。此项测试和滤波器的设计宽度、深度有关。检验时选择滤波器的宽度应≤1 m/s。

指标要求：地物对消能力≥60 dB。

测试方法：发射机预热完毕后打到遥控、自动的位置。

启动 RDASC，标定结束后在 State 中选择 Off-line operate，连续标定 10 次，在"性能参数"中记录结果，如图 4-86。

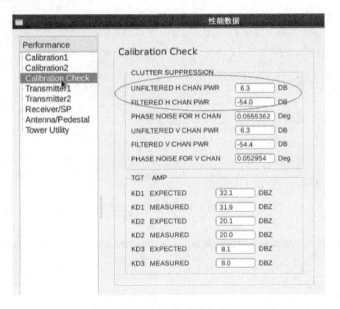

图 4-86　地物对消能力

4.4.5　系统回波强度定标、速度测量检验

本项测试包括回波强度定标检验、测速检验、双脉冲重复频率（DPRF/APRF）测速展宽能力检验和对回波强度在线自动标校能力的检验。

1. 回波强度定标检验

分别用外接信号源和机内信号源注入功率为−90 dBm 至−40 dBm 的信号，在距离 5 km 至 200 km 范围内检验其回波强度的测量值。

指标要求：回波强度测量值与注入信号计算回波强度值（期望值）的最大差值应在±1 dB

范围内。机外信号和机内信号从接收机前端输入点必须相同。

使用仪器:信号源。

(1)外接信号源对回波强度定标的检验

测试方法:运行 RDASOT 中的"反射率标定",点击"标定"菜单,点选"机外测试",如图 4-87、图 4-88、图 4-89。注意测试时应该先将测试线缆的衰减进行标定,用功率计测量低噪声放大器的注入功率(即无源限幅器的输出),则外接信号源的输出功率设置应该满足如下条件:低噪声放大器的注入功率=信号源输出+线缆衰减(负值,Cable Loss),在信号源输出设置完毕的基础上再依次衰减,−30 dBm,−40 dBm,−50 dBm,−60 dBm,−70 dBm,−80 dBm,测量 6 次。

图 4-87　外接信号源对回波强度定标的检验

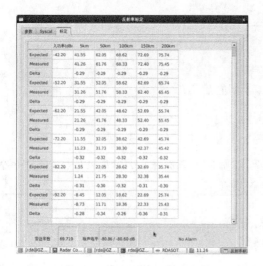

图 4-88　机外水平

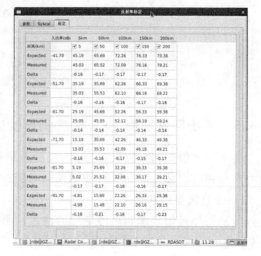

图 4-89　机外垂直

（2）机内信号源对回波强度定标检验

测试方法：运行 RDASOT 中的"反射率标定"，分别选择"Hori"和"Vert"，选择"标定""机内测试"，点击"开始"，则软件自动运行标定程序，实现对机内信号源水平和垂直回波强度的定标检验，如图 4-90、图 4-91、图 4-92。

图 4-90　水平/垂直通道切换

入功率(dB)	5km	50km	100km	150km	200km
距离(km)	✓ 5	✓ 50	✓ 100	✓ 150	✓ 200
Expected	-42.20	41.55	62.05	68.62	72.69	75.74
Measured		41.88	62.37	68.94	73.02	76.06
Delta		0.33	0.32	0.32	0.33	0.32
Expected	-52.20	31.55	52.05	58.62	62.69	65.74
Measured		32.03	52.53	59.10	63.17	66.22
Delta		0.48	0.48	0.48	0.48	0.48
Expected	-62.20	21.55	42.05	48.62	52.69	55.74
Measured		21.96	42.46	49.02	53.10	56.15
Delta		0.41	0.41	0.40	0.41	0.41
Expected	-72.20	11.55	32.05	38.62	42.69	45.74
Measured		11.91	32.41	38.98	43.04	46.09
Delta		0.36	0.36	0.36	0.35	0.35
Expected	-82.20	1.55	22.05	28.62	32.69	35.74
Measured		1.99	22.49	29.05	33.13	36.17
Delta		0.44	0.44	0.43	0.44	0.43
Expected	-92.20	-8.45	12.05	18.62	22.69	25.74
Measured		-8.12	12.50	19.00	23.09	26.16
Delta		0.33	0.45	0.38	0.40	0.42

图 4-91　机内水平

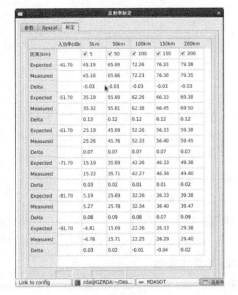

图 4-92　机内垂直

2. 速度测量检验

速度测量采用机内信号源进行,其方法有:变化注入信号相位或变化注入信号频率,可任选一种方法。

指标要求:速度最大差值小于1。

使用仪器:信号源。

用机外信号源输出频率为 $f_c + f_d$ 的测试信号送入接收机,f_c 为雷达工作频率,改变多普勒频率 f_d,读出速度测量值 V_1 与理论计算值 V_2(期望值)进行比较,V_3 为终端速度显示值。

计算公式:$V_2 = \lambda f_d / 2$ 式中:λ 为雷达波长、f_d 为多普勒频移。

测试方法:设置信号源频率与发射机同中心频率,信号源发连续波,输出幅度-20 dBm 连接至保护器J1,运行 RDASOT 中的"软件示波器",并设置如图4-93,设置完毕后点击"开始"。

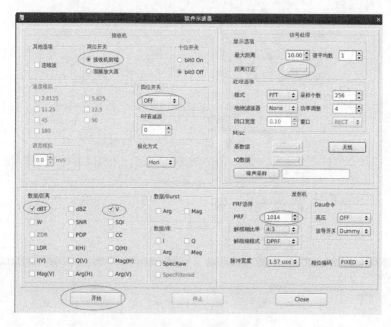

图4-93　软件示波器设置

改变信号源的频率,找速度0点。通常先从"百位"上改频率,方法为按下频率键,移动左右箭头,将光标移动到"百位"上粗调,在"十位"和"个位"上细调,如图4-94。在"软件示波器"界面,$DPRF$ 再设置为4∶3双重频模式,如图4-97,检查所示速度是否也为0点,如不是,则继续按照百位、十位、个位的顺序依次调整。只有 DPRF 双重频和单重频两种模式下速度均为0,才是找到了真0点。

待找到速度真0点以后,将信号源的光标移动到百位上,即每次步进为100 Hz,负速向上变频至1 kHz,记录数据;正速向下变频至1 kHz,记录数据,如图4-95。

3. 速度谱宽检验

指标要求:期望值与实测值差值应小于1 m/s。

测试方法:该结果在运行 RDASC 后,在 performance 中的 calibration1 中查找,如图4-96。

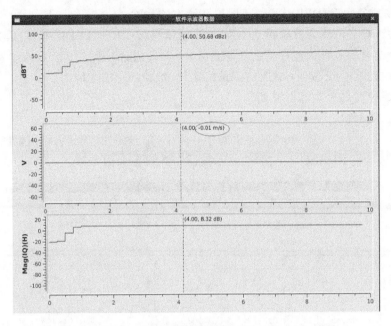

图 4-94　寻找速度 0 点

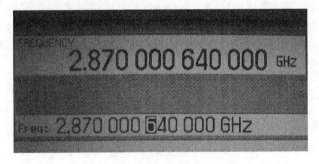

图 4-95　修改频率测量速度

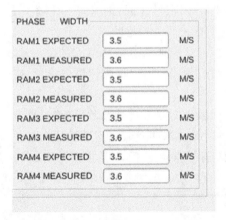

图 4-96　机内信号速度谱宽检验

4. 双脉冲重复频率(DPRF)测速范围展宽能力的检验

由变化注入信号的频率检验雷达双脉冲重复频率(DPRF/APRF)模式工作时的测速展宽能力。注入信号的频移调整在单重复频率(1000 Hz)附近，进行 10 个点的单重复频率模式和双重复频率模式(3∶2 或 4∶3)时的测量值比较，检验测速展宽能力。

指标要求：速度最大差值小于 1。

使用仪器：信号源。

测试方法：设置信号源频率与发射机同中心频率，信号源发连续波，输出幅度−10 dBm 连接至保护器 J1，运行 RDASOT 中的"软件示波器"，并设置如图 4-97。

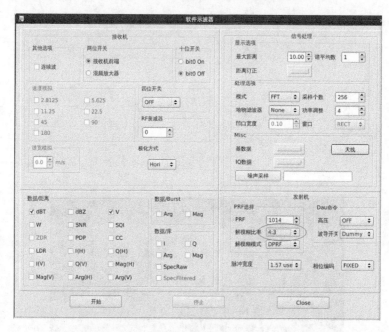

图 4-97　多重频设置

调整到与单重频测试相同、速度为 0 的频点，将信号源的光标移动到百位上，即每次步进为 100 Hz，负速向上变频至 1 kHz，记录数据；正速向下变频至 1 kHz，记录数据

5. 回波强度测量在线自动标校能力的检验

回波强度测量在线自动标校是保证雷达测量精度的重要手段，通过对雷达监测的重要参数值测量，自动对回波强度定标进行修正，以保障回波强度测量值不因运行中雷达参数的变化而出现较大的误差。

(1)变化发射功率，检查回波强度测量在线自动标校能力

发射机加高压，将雷达发射微波脉冲经衰减延迟后注入接收机前端，在终端显示器上观测并记录发射功率监测值和该信号对应的回波强度值(dBZ)，然后在技术条件允许范围内(20%)变化发射机输出功率，检查发射功率变化与回波强度变化的关系。

指标要求：回波强度变化差值小于 1。

使用仪器：功率计。

测试方法：用功率计监测发射机功率，调高人工线电压直至发射机输出功率为 750 kW，关闭高压，如图 4-98。

图 4-98　输出功率测量

图 4-99　机内功率测量

运行 RDASOT 中的"反射率标定",选择"Syscal",依次按下右下角的按钮:

①获取功率计零漂;

②打开发射机高压开关;

③获得发射机峰值功率,使峰值功率与发射机输出功率一致,如果不一致,可以适当调整校准因子 Scale Factor,然后点击"3. 获得发射机峰值功率"即可再次取功率值;

④保存结果,如图 4-99。

然后点击左下角的"开始 Syscal 标定",将重新计算的 SYSCAL 值进行保存,如图 4-100,接着退出"反射率标定"程序。

进入"软件示波器",进行如图 4-101 设置后点"开始"。

用鼠标拖动虚线至最高点,记录数据。

用同样的方法将发射机功率分别调整至 700 kW,650 kW,600 kW,500 kW 然后记录数据,如图 4-102。

图 4-100　SYSCAL 标定

图 4-101　软件示波器设置

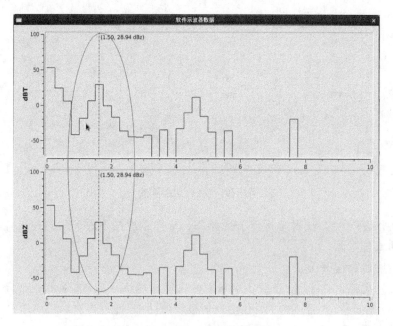

图 4-102　软件示波器测量回波强度

（2）变化接收机增益，检查回波强度测量在线自动标校能力

用外接信号源（或机内信号源）注入接收机前端，在终端显示器上观测并记录 20 km 和 50 km 处的回波强度值（dBZ）。然后在接收通道中串接一个固定衰减器（如 5 dB），模拟接收机增益下降，检查执行自动标校功能后回波强度的变化，观测并记录 20 km 和 50 km 处的回波强度值（dBZ），比较接收机状态变化前后，输出信号回波强度变化的情况。

指标要求:回波强度变化小于 1。

测试方法:首先运行 RDASOT 中的"反射率标定",观察 20 km 和 50 km 处的回波强度值 (dBZ),记录数据(双击任意公里数即可修改),如图 4-103。

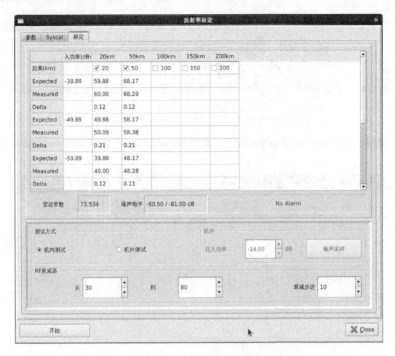

图 4-103　机内反射率标定

图 4-104　SYSCAL 标定

　　然后在接收机通道内串入 5 dB 衰减器,打开 RDASOT 中的"反射率标定",进行开始 SY-SCAL 标定,如图 4-104。等待出现新的 SYSCAL 值后点击"保存"存储标定结果。如图 4-105。

图 4-105　SYSCAL 标定结果

图 4-106　机内反射率标定

　　然后再次进行反射率的标定,两次标定的测量值之差不能超过 1。图 4-106 为串入 5 dB 衰减器后的反射率标定结果。

　　(3)自动修改定标系数,检查回波强度测量在线自动标校能力

　　利用机内对功率和接收特性的监测数据对定标系数(SYSCAL)进行自动修改,达到对回波强度进行在线修正目的,记录 SYSCAL 数据的定标自动变化情况。

　　指标要求:SYSCAL 值变化范围不能超过 1。

　　测试方法:在雷达连续考机时记录 SYSCAL 数值。

4.5　天馈系统

4.5.1　位置精度

利用太阳的回波强度判定天线方位和俯仰角度的经纬度偏差，以保证在回波图上能正确显示回波的位置。

指标要求：方位和俯仰角度偏差≤0.05°。

测试方法：首先确定天线能正常运行，RDA 电脑时间要保持与北京时间一致，必要时可拨打电话 01012117 与北京时间对时，由于太阳法受太阳角度影响，一般在太阳高度角为20°～50°做太阳法。

修正 RDA 电脑显示时间，点击电脑上的时间显示，在弹出的栏目中选择时间调整，如图 4-107。

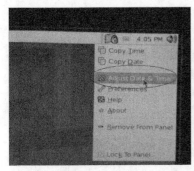

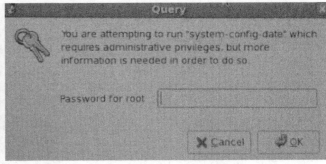

图 4-107　RDA 时间设置　　　　　　　　图 4-108　打开管理员权限

输入密码"radar"，如图 4-108。

选择 Network Time Protocol，将 Enable Network Protocol 前面的对钩去掉，如图 4-109。进入 Date&Time 项即可修改时间，如图 4-110。

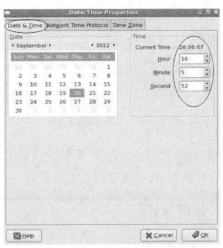

图 4-109　勾消网络获取时间　　　　　　图 4-110　设置时间

然后运行 RDASOT 中的"太阳法"，如图 4-111。

图 4-111　太阳法

图 4-112　太阳法测试界面

选择"设置"，如图 4-112。

将雷达站点的经纬度设置正确，如图 4-113。

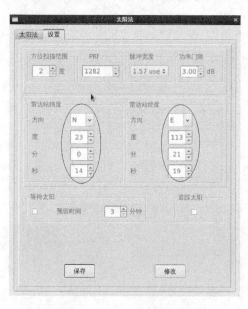

图 4-113　设置本地经纬度

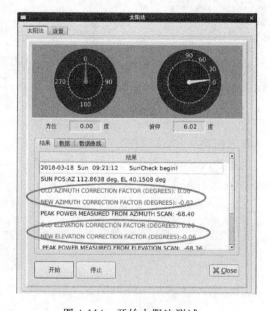

图 4-114　开始太阳法测试

回到"太阳法"菜单，点击"开始"，则系统自动进行计算，框选部分为计算结果，图 4-114 分别表示方位角度、俯仰角度的计算结果。

4.5.2　控制精度

1. 测试方法

运行 RDASOT 中的"天线控制"，给定方位或俯仰一个角度，看天线实际到达的角度（在

DCU 状态显示板上查看)与指定角度的差值。若误差过大,则需通过调节伺服放大器中增益电位器以确保系统控制精度,如果伺服系统不能精确到位,则需进行调整,具体调整方法为:方位控制精度误差调整 DCU 模拟板 RP3 电位器,俯仰调整 RP11 电位器,指标要求≤0.05°。

2. 参数记录

天线控制精度参数记录如表 4-9 所示。

表 4-9　天线控制精度参数记录

方　　位			仰　　角		
设置值(°)	指示值(°)	差值(°)	设置值(°)	指示值(°)	差值(°)
0			0		
30			5		
60			10		
90			15		
120			20		
150			25		
180			30		
210			35		
240			40		
270			45		
300			50		
330			55		

方位角均方根误差(°):＿＿＿＿＿＿＿＿

仰角均方根误差(°):＿＿＿＿＿＿＿＿

4.5.3　天线水平度检查

1. 合像水平仪检查水平度方法

(1)调节水平仪:调节螺旋钮,俯视水平仪玻璃观察窗,其中线两边各有一个水泡,当调节时,两边水泡半圆周正好拼成一个完整的圆周;

(2)将水平仪放置俯仰仓,一般放置于门口附近,先在正北即 0°位置,观察水平仪是否出现圆周,若无则需调节旋钮,至圆周出现时读数;

(3)顺时针推动天线到 45°,调节水平仪,读数,重复推 45°～360°;

(4)逆时针推动天线到 45°,重复读数;

注:水平仪读数方法:以 0 为分界点,顺时针旋转螺旋钮,过 0 为＋;逆时针旋转旋钮,过 0 为－或＋100。

指标:水平合像仪测得天线 8 个方向对角差值不超过 60″。如果超出指标,则必须把天线座调水平。

2. 天线水平度参数记录

天线水平度参数测量记录如表 4-10 所示。

使用仪器:合成影像水准仪,测试人员:＿＿＿＿＿＿＿＿

测试时间:＿＿＿＿＿＿＿＿＿＿＿＿

表 4-10 天线水平度参数测量记录

方位	45°	90°	135°	180°	225°	270°	315°	360°
第一次读数								
第二次读数								

第一次读数最大差值为(″)：_____

第二次读数最大差值为(″)：_____

图 4-115 为某次天线座方位轴铅垂度测量的数据方位图,圆圈内的数据为第一次测量值,读数均为格值。

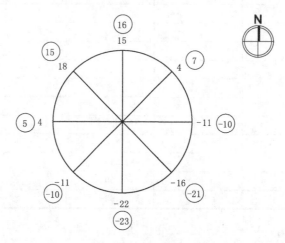

图 4-115 天线座水平测试记录

在 360°范围内间隔 45°均匀测出 8 个点,取其在 180°方向上两测点差值最大者,然后将差值除以 2,即为方位轴铅垂度误差 f:

$$f=1/2(M_1-M_2)$$

其中,M_1,M_2 分别是 180°方向上两次读数的平均数。

从图 4-115 的检测结果可计算出方位轴铅垂度误差为:

$$f=1/2\{(16+15)/2-[(-23)+(-22)]/2\}\times 2''=38''$$

计算结果的正负只表示方位轴的倾斜方向,负号表示方位轴向 S 方向倾斜。

3. 天线座调水平

当天线座方位轴铅垂度误差>60″,应对天线座进行调水平工作。

(1)找到安装在天线座的底部的三只调平螺栓,旋紧调整螺钉直到顶部接触到塔的安装面,旋松天线座底部安装固定螺栓;

(2)初步根据方位数据图的读数,判断天线座的不水平方向;

(3)旋紧调平螺钉,进行调平,观察天线座体的水平仪,使得每个水泡在 20 s 范围内;

(4)测量天线座安装法兰 12 个固定螺钉处法兰下沿与安装平面之间的间隙,做好记录,在固定螺钉处适当放置垫片,旋紧固定螺钉;

(5)重新测量方位轴铅垂度,若方位轴铅垂度误差>60″时,则重复以上调平步骤。

第 5 章 双偏振雷达软件安装与使用

5.1 软件安装

本章节主要讲述 CINRAD/SA-D 双偏振雷达 rdasc,rpgcw,pup 等软件的安装方法及演示,及其在 Linux 系统运行环境的安装和配置。

5.1.1 Linux 系统安装

CINRAD/SA-D 双偏振雷达会配套 Linux 系统安装光盘,其中一张为引导盘 KickStart,会对 Linux 的配置做好设置,安装过程先将引导盘放入光驱,不用做任何操作,等待提示插入第二张光盘(见图 5-1),即 RHEL6.4 的系统盘。第一次安装 Linux 系统会提示格式不支持,需要格式化硬盘,根据提示选择 yes 进行格式化后自动安装 RHEL6.4,等待 30 min 左右系统安装完毕,就可正常使用。由于 Linux 对文件管理为目录结构,格式化是针对整个硬盘的,会造成所有数据丢失,要特别注意如有重要数据,系统安装前先对数据进行备份。

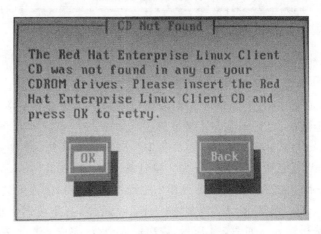

图 5-1 提示更换安装光盘

CINRAD/SA-D 双偏振雷达 Linux 系统主要根据业务需求来定制的,安装完后默认有两个用户,一个是业务操作用户 rda,密码 rda,另一个是管理员用户 root,密码 radar。Linux 下的 root 用户对系统拥有所有权限,用以对系统时间、网络设定、软件安装等项目修改。rda 用户用在日常的业务应用,避免误操作影响业务运行。另外,直接用系统盘也能安装 Linux 系统,建议对 Linux 的目录结构、交换空间、用户权限等基础知识有一定了解后再采用此安装方

式。为了方便远程管理和应用,可以先开启 vnc 服务。任意位置鼠标右键选择 Open in Ter-
minal 打开命令输入窗口,输入命令 vncserver 回车,设定 vnc 登录密码即可开启 vnc 服务。

5.1.2　业务软件安装

CINRAD/SA-D 双偏振雷达业务软件安装文件为 iso 格式,需要先将安装文件挂载入系
统,然后更改当前目录,运行安装命令。以 2017 年 8 月 17 日最新版本的业务软件来演示安装
过程。业务软件主要包括 3 个,分别是雷达控制软件(rdasc)、数据处理软件(rpgcw)、产品应
用软件(pup)。如图 5-2 所示,rdasc 安装包提供的 rpm 格式,可直接运行 rpm 安装命令进行
安装。rpgcw 和 pup 提供的 iso 格式,需要挂载进入系统。

图 5-2　业务软件安装包格式

rdasc 软件安装如图 5-3 所示,安装包为 rpm 格式,直接运行 rpm – ivh 安装包即进行安
装,其中 i 参数为安装命令,v 参数为提示详细信息,h 参数为进度条显示。此处因为默认的系
统缺少 rdasc 安装所必需的依赖包,需要先将依赖包安装好后才能正确安装 rdasc,这个问题
公司在首次升级时会解决,之后安装会正常进行。

rpgcw 提供的 iso 格式,安装方法需要先将安装包挂载入系统,挂载位置无限制,习惯挂
载路径"/mnt/cdrom",然后更改当前目录为挂载目录,用". /install"命令进行安装。Linux 命
令输入多用 tab 键,命令,路径,文件名都可用 tab 键补全。例如输入安装包名时输入 rda 后
tab 会补全文件名。tab 应用规则,无重复时按一下 tab 补全,有重复时无反应,按两下 tab 键
给出重复内容以供选择输入。如图 5-4 所示,依次输入命令,完成 rpgcw 安装。

pup 安装如图 5-5 所示,安装方法同 rpgcw 一样,只是安装包不同而已。su 命令用于切换
到 root 用户,默认密码 radar,Linux 在输入密码时不会给任何提示,这里不加参数用于临时得
到 root 权限,用户环境还是 rda 用户环境。mount 命令挂载入系统,参数根据 Linux 系统版本
及挂载文件格式会有不同。". /"在命令中表示当前目录。

图 5-3　rdasc 安装演示

图 5-4　rpgcw 安装演示

```
[rda@RDA 8.17雷达软件升级]$ su
Password:
[root@RDA 8.17雷达软件升级]# mount -o loop pup-11.1.3-S.DP.el6.i686.iso /mnt/cdr
om/
[root@RDA 8.17雷达软件升级]# cd /mnt/cdrom/
[root@RDA cdrom]# ./install
Preparing...               ######################################### [100%]
        package qtlib-4.8.5-1.el6.i686 is already installed
warning: RPMS/db48-4.8.30-1ice.rhel6.i386.rpm: Header V4 DSA/SHA1 Signature, key
 ID 06132997: NOKEY
Preparing...               ######################################### [100%]
        package db48-4.8.30-1ice.rhel6.i386 is already installed
warning: RPMS/ice-3.4.2-1.rhel6.noarch.rpm: Header V4 DSA/SHA1 Signature, key ID
 06132997: NOKEY
Preparing...               ######################################### [100%]
        package ice-3.4.2-1.rhel6.noarch is already installed
warning: RPMS/ice-libs-3.4.2-1.rhel6.i386.rpm: Header V4 DSA/SHA1 Signature, key
 ID 06132997: NOKEY
Preparing...               ######################################### [100%]
        package ice-libs-3.4.2-1.rhel6.i386 is already installed
warning: RPMS/ice-utils-3.4.2-1.rhel6.i386.rpm: Header V4 DSA/SHA1 Signature, ke
y ID 06132997: NOKEY
Preparing...               ######################################### [100%]
        package ice-utils-3.4.2-1.rhel6.i386 is already installed
warning: RPMS/ice-servers-3.4.2-1.rhel6.i386.rpm: Header V4 DSA/SHA1 Signature,
key ID 06132997: NOKEY
Preparing...               ######################################### [100%]
        package ice-servers-3.4.2-1.rhel6.i386 is already installed
Preparing...               ######################################### [100%]
   1:pup                    ######################################### [100%]
spawn smbpasswd rda -a -s
rda
rda
[root@RDA cdrom]#
```

图 5-5　pup 安装演示

首次安装业务软件需要重启系统和注册软件才可正常使用。之后更新则需要先卸载旧软件，再安装新版业务软件。卸载软件如图 5-6 所示。用命令"rpm -e pup"卸载 pup 软件，用命令"rpm -e rpg"卸载 rpgcw 软件。正常卸载一般会保留配置文件夹，安装新版本就可正常使用，为安全起见，升级时还是将配置文件夹先备份，更新后如有异常，可将备份的配置文件夹覆盖回去。

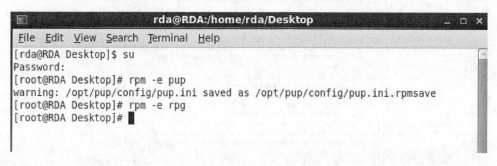

图 5-6　rpgcw 及 pup 软件卸载

5.2　软件配置

本部分主要讲述在 rdasc 数据流传输配置，在 rpgcw 下状态监控和基数据存档及上传配置，在 pup 下产品存档、分发、上传等配置。

5.2.1　rdasc 业务软件配置

rdasc 对配置进行了整合，在通信设置里设置好站点信息，rpg 的 IP 地址，可以设置两路，数据流服务器 IP,以及文件 ftp 重传设置。也可以通过修改"/opt/rda/config/rdasc.ini"文件完成设置,效果是一样的。图 5-7 中 RPG3 就是数据流的状态,显示 DATA 即为工作状态。

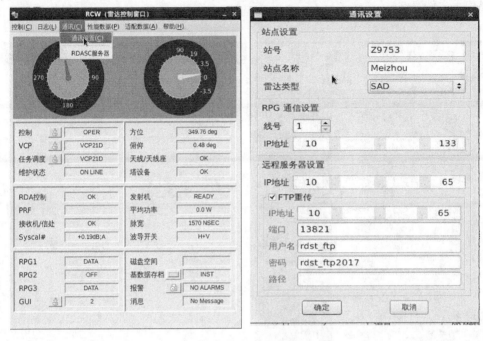

图 5-7　rdasc 流传输配置

5.2.2　rpgcw 业务软件配置

　　rpgcw 的配置主要包含连接设置,状态数据上传配置和基数据存档配置。连接设置如图 5-8 所示,设置好 rda 连接保证同 rdasc 业务软件的连接,设置 pup 连接起到控制和连接 pup 的作用。其中"127.0.0.1"代表本机,双偏振系统允许 rpgcw 和 pup 在同台电脑运行且性能也基本够用。

图 5-8　rpgcw 连接设置

　　状态数据上传设置,此功能之前是通过软件 RSCTS 实现的,双偏振系统集成到 rpgcw 实现,如图 5-9 所示,设置好相关参数后 ASOM 上就能查询状态数据。实际测试监控及备份文件夹里均无文件存储。

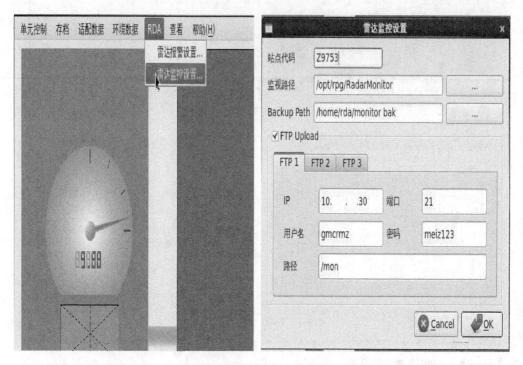

图 5-9　状态数据上传设置

　　对于 rpgcw 的存档,存储和上传是相互独立的,都是从缓存数据读取后进行互不干涉的进程。根据目前业务管理需要,建议需要配置 4 路来满足业务需要,单偏振基数据的存储和上传两路,双偏振基数据的存储和上传两路。如图 5-10 所示,此路为默认存档,名称是可以定制的,根据参数的设置来明确各路配置的含义。图中所示,双偏振的格式和文件名都是默认的,压缩处可选择 BZ2 格式压缩和 None 不压缩设置。类型可选择 Local 本地存储和 FTP 上传。Folder Mode 在本地存储时可选择 Date 按天保存和 Flat 总文件夹格式,所有文件放入一个文件夹模式。

　　根据参数含义,图 5-11 所示为双偏振基数据上传设置。FTP 根据各站点的 FTP 配置相应的用户名和密码,其余参数一样。

　　单偏振数据存储,如图 5-12 所示,数据格式要设置为 CINRAD,保存路径设置好,其余设置跟双偏振存储设置一样。

　　单偏振基数据上传是一个将基数据改名压缩上传的过程,之前业务为 RPGCD 软件完成。双偏振业务配置如图 5-13 所示,对应的格式为 CINRAD,文件名为 CMA(SA),根据站点的 FTP 配置完成相关设置。

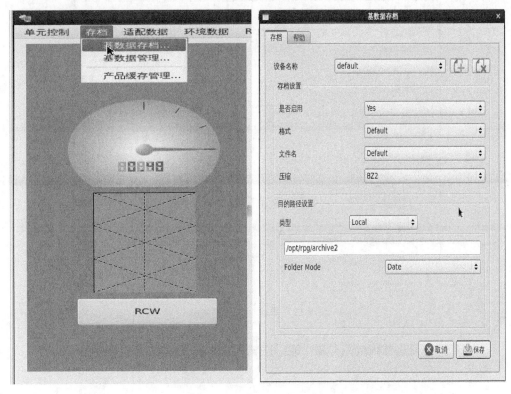

图 5-10 双偏振基数据存档

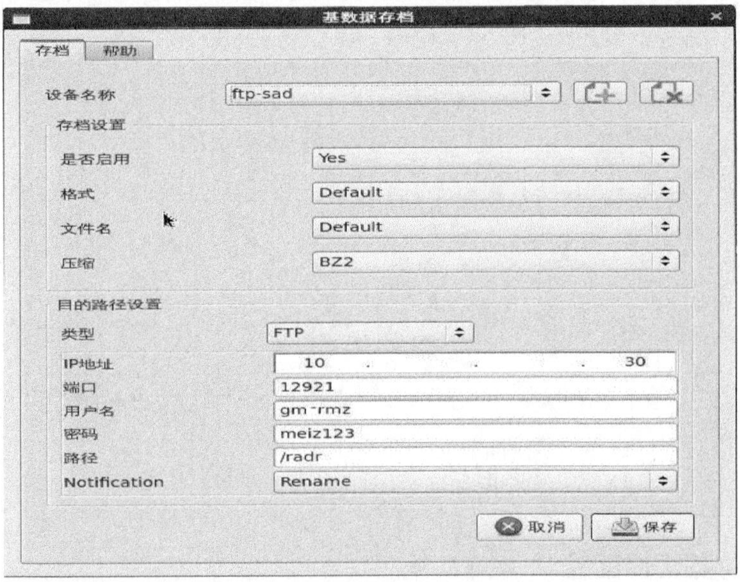

图 5-11 双偏振基数据上传

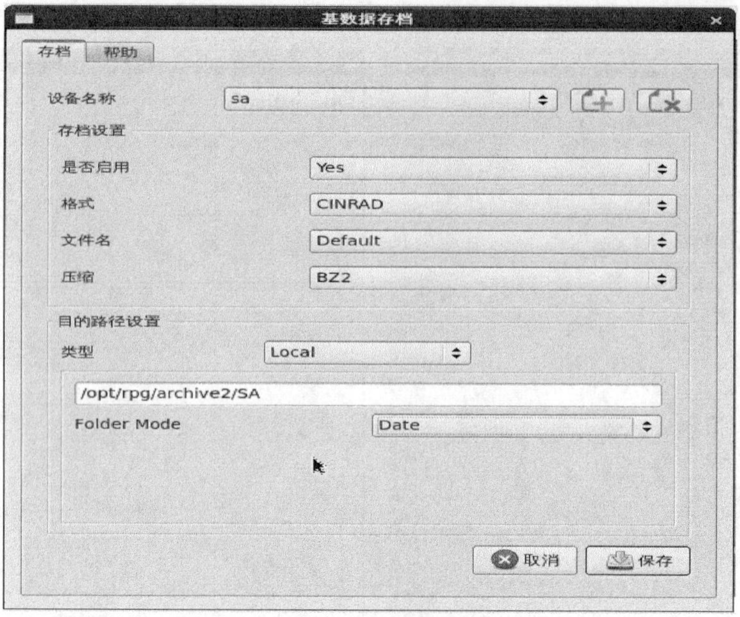

图 5-12　单偏振基数据存储

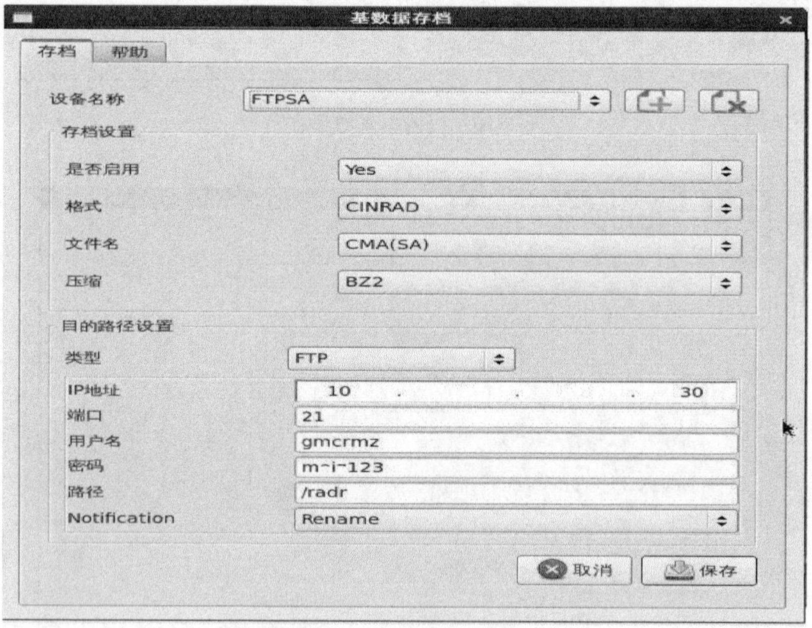

图 5-13　单偏振数据上传

5.2.3　pup 业务软件配置

　　pup 软件配置主要包含连接配置,色标设置,存档设置,例行请求设置。如图 5-14 所示,pup 在业务之前要进行一些基础配置,连接设置里设置 rpg 的 IP 跟 rpg 完成业务连接,适应广东的业务应用要将色标设置成"cinrad_gd"。为了省局业务系统拼图应用还要进行底图修改，只需一次设置，之后备份好配置文件即可。

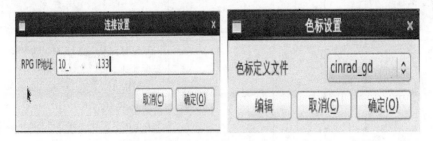

图 5-14　pup 连接设置和色标设置

　　pup 的产品存档根据业务要求，至少要配置 3 路，一路负责单偏振产品上传，起到之前 PUPC 软件的功能，一路负责单偏振省局拼图上传，一路负责双偏振省局拼图。如图 5-15 所示，定义一个名称，格式设置成 CINRAD，产品上传是不需要改名的，文件名就默认的，设置好相应的 FTP 配置即可。

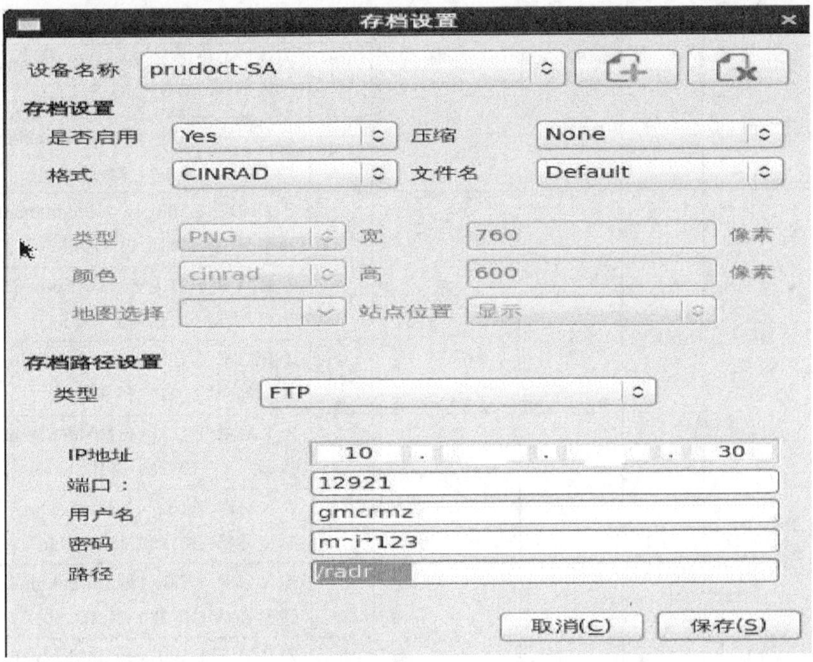

图 5-15　单偏振产品上传

　　要完成业务产品上传，还需配置例行请求，这是与 rpgcw 存档有区别的地方，例行请求根据气测函〔2017〕48 号文件规定，需要配置如表 5-1 所示的 36 种产品。

表 5-1　新一代天气雷达 PUP 产品清单

序号	产品名称	产品标识	分辨率（km）	覆盖范围（极坐标,km）（笛卡儿坐标,km×km）	仰角（°）	文　件　名
1	基本反射率	R	1	230	0.5	Z_RADR_I_IIiii_yyyMMddhhmmss_P_DOR_雷达型号_R_10_230_5.ID.bin
2					1.5	Z_RADR_I_IIiii_yyyMMddhhmmss_P_DOR_雷达型号_R_10_230_15.ID.bin
3					2.4	Z_RADR_I_IIiii_yyyMMddhhmmss_P_DOR_雷达型号_R_10_230_24.ID.bin
4					3.4	Z_RADR_I_IIiii_yyyMMddhhmmss_P_DOR_雷达型号_R_10_230_34.ID.bin
5					4.3	Z_RADR_I_IIiii_yyyMMddhhmmss_P_DOR_雷达型号_R_10_230_43.ID.bin
6					6.0	Z_RADR_I_IIiii_yyyMMddhhmmss_P_DOR_雷达型号_R_10_230_60.ID.bin
7		R	2	460	0.5	Z_RADR_I_IIiii_yyyMMddhhmmss_P_DOR_雷达型号_R_20_460_5.ID.bin
8					1.5	Z_RADR_I_IIiii_yyyMMddhhmmss_P_DOR_雷达型号_R_20_460_15.ID.bin
9					2.4	Z_RADR_I_IIiii_yyyMMddhhmmss_P_DOR_雷达型号_R_20_460_24.ID.bin
10	基本速度	V	0.5	115	0.5	Z_RADR_I_IIiii_yyyMMddhhmmss_P_DOR_雷达型号_V_5_115_5.ID.bin
11					1.5	Z_RADR_I_IIiii_yyyMMddhhmmss_P_DOR_雷达型号_V_5_115_15.ID.bin
12					2.4	Z_RADR_I_IIiii_yyyMMddhhmmss_P_DOR_雷达型号_V_5_115_24.ID.bin
13		V	1	230	0.5	Z_RADR_I_IIiii_yyyMMddhhmmss_P_DOR_雷达型号_V_10_230_5.ID.bin
14					1.5	Z_RADR_I_IIiii_yyyMMddhhmmss_P_DOR_雷达型号_V_10_230_15.ID.bin
15					2.4	Z_RADR_I_IIiii_yyyMMddhhmmss_P_DOR_雷达型号_V_10_230_24.ID.bin
16					3.4	Z_RADR_I_IIiii_yyyMMddhhmmss_P_DOR_雷达型号_V_10_230_34.ID.bin
17					4.3	Z_RADR_I_IIiii_yyyMMddhhmmss_P_DOR_雷达型号_V_10_230_43.ID.bin
18					6.0	Z_RADR_I_IIiii_yyyMMddhhmmss_P_DOR_雷达型号_V_10_230_60.ID.bin

序号	产品名称	产品标识	分辨率（km）	覆盖范围（极坐标，km）（笛卡儿坐标，km×km）	仰角（°）	文 件 名
19	组合反射率	CR	1.0×1.0	230		Z_RADR_I_IIiii_yyyMMddhhmmss_P_DOR_雷达型号_CR_10X10_230_NUL. ID. bin
20		CR	4.0×4.0	460		Z_RADR_I_IIiii_yyyMMddhhmmss_P_DOR_雷达型号_CR_40X40_460_NUL. ID. bin
21	VAD 风廓线	VWP	2.0 m/s	N/A		Z_RADR_I_IIiii_yyyMMddhhmmss_P_DOR_雷达型号_VWP_20_NUL−NUL. ID. bin
22	弱回波区	WER	1	50×50		Z_RADR_I_IIiii_yyyMMddhhmmss_P_DOR_雷达型号_WER_10_50x50_NUL. ID. bin
23	垂直累积液态水含量	VIL	4.0×4.0	230		Z_RADR_I_IIiii_yyyMMddhhmmss_P_DOR_雷达型号_VIL_40x40_230_NUL. ID. bin
24	1 小时降水	OHP	2	230		Z_RADR_I_IIiii_yyyMMddhhmmss_P_DOR_雷达型号_OHP_20_230_NUL. ID. bin
25	3 小时降水	THP	2	230		Z_RADR_I_IIiii_yyyMMddhhmmss_P_DOR_雷达型号_THP_20_230_NUL. ID. bin
26	风暴总降水	STP	2	230		Z_RADR_I_IIiii_yyyMMddhhmmss_P_DOR_雷达型号_STP_20_230_NUL. ID. bin
27	反射率等高面位置显示（CAPPI）	CAR	1	230		Z_RADR_I_IIiii_yyyMMddhhmmss_P_DOR_雷达型号_CAR_10_230_NUL. ID. bin
28	混合扫描反射率	HSR	1	230	N/A	Z_RADR_I_IIiii_yyyMMddhhmmss_P_DOR_雷达型号_HSR_10_230_NUL. ID. bin
29	回波顶高	ET	4	230×230	N/A	Z_RADR_I_IIiii_yyyMMddhhmmss_P_DOR_雷达型号_ET_40X40_230_NUL. ID. bin
30	风暴相对径向速度	SRM	1	230	1.5	Z_RADR_I_IIiii_yyyMMddhhmmss_P_DOR_雷达型号_SRM_10_230_15. ID. bin
31	风暴追踪信息	STI	N/A	345	N/A	Z_RADR_I_IIiii_yyyMMddhhmmss_P_DOR_雷达型号_STI_NUL_345_NUL. ID. bin
32	冰雹指数	HI	N/A	230	N/A	Z_RADR_I_IIiii_yyyMMddhhmmss_P_DOR_雷达型号_HI_NUL_230_NUL. ID. bin
33	中尺度气旋	M	N/A	230	N/A	Z_RADR_I_IIiii_yyyMMddhhmmss_P_DOR_雷达型号_M_NUL_230_NUL. ID. bin
34	龙卷涡旋特征	TVS	N/A	230	N/A	Z_RADR_I_IIiii_yyyMMddhhmmss_P_DOR_雷达型号_TVS_NUL_230_NUL. ID. bin
35	风暴结构	SS	N/A	345	N/A	Z_RADR_I_IIiii_yyyMMddhhmmss_P_DOR_雷达型号_SS_NUL_345_NUL. ID. bin
36	组合切变	CS	1.5	230×230	1.5	Z_RADR_I_IIiii_yyyMMddhhmmss_P_DOR_雷达型号_CS_10X10_115_15. ID. bin

广东省气象局单偏振产品拼图业务配置如图 5-16 所示,各参数的设置按照"广东省双偏振雷达底图修改方法"里的要求,其中地图选择项为勾选"RINGS""UNDERLAY""CITYNAME""CITY""PROVINCE"图层。注意拼图业务上传"IP:172.＊.＊.17",与之前产品及基数据上传 IP 不一样。

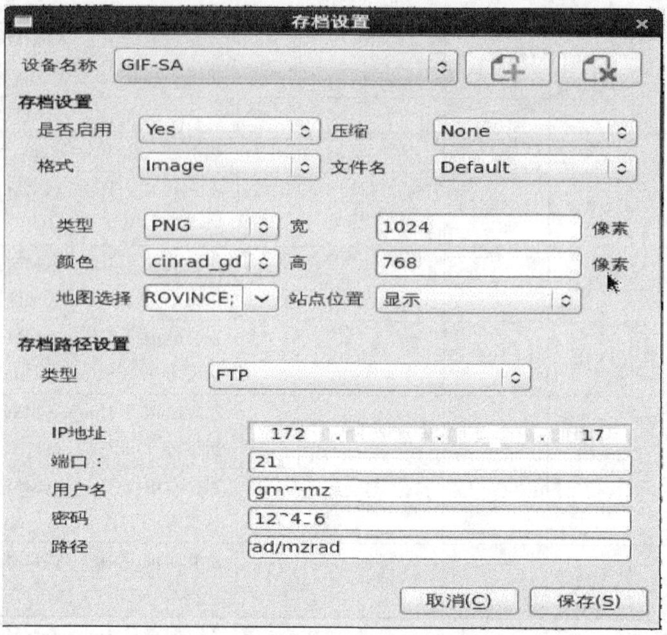

图 5-16　单偏振广东省气象局拼图设置

双偏振广东省气象局拼图业务配置如图 5-17 所示,除了 FTP 上传目录不一样外,其他参数一样。

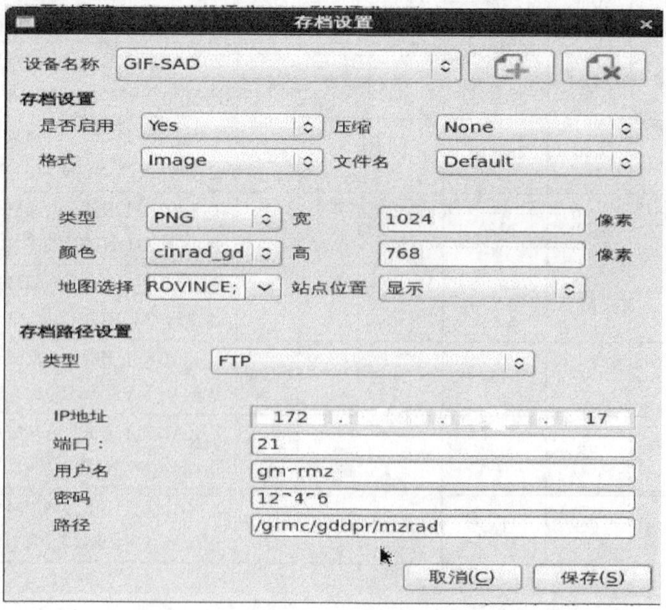

图 5-17　双偏振广东省气象局拼图设置

例行请求配置,该设置的作用是在 pup 的产品库中根据需求选择存档。比如之前单偏振产品上传涉及到的 36 种产品,要勾选所对应的存档设备名称。

5.3　操作说明

日常工作中,市县级产品应用多在 windows 下运行 pup 来完成。windows 版本 pup 目前只支持 32 位操作系统。pup 无需注册即可接收新产品,进行产品的浏览分析,有大量方便分析的使用工具,如测量、直方图、区域放大等。注册后可以同 rpg 直连,产品存档及例行请求,查看剖面产品。

5.3.1　windows 下 pup 安装

运行安装程序,双击"pup-win32.exe"。整个安装过程同典型 windows 安装程序一样,除了许可协议需要选择外,其他均可默认,连续 next 即可完成安装,默认安装路径在"d:/pup"。

5.3.2　映射产品路径

这里以梅州雷达应用为例,雷达探测到的双偏振雷达产品存放路径为"\172.＊.＊.249\ldz\meizhou",产品应用软件 PUP 不支持直接在程序里直接输入路径,需要映射存放路径为网络驱动器。方法是在地址栏输入"\172.＊.＊.249\ldz\meizhou",并复制。工具栏选择映射网络驱动器,在映射网络驱动器界面选择盘符和粘贴路径,然后确定。

5.3.3　PUP 的基础设置

运行之前安装好的 pup 程序,设置产品路径和色标。产品路径设置如图 5-18 所示,选择"设置"→"通用设置",选择产品目录为之前映射的网络驱动器"p:",然后确定。色标设置,选择"设置"→"色标设置"。色标设置如图 5-19 所示,选择"cinrad－gd",此色标为广东省目前雷达业务采用色标。设置完后退出 pup,再运行 pup 就可接收浏览双偏振雷达产品了。

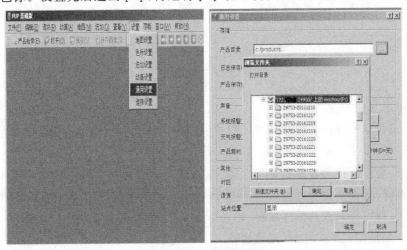

图 5-18　产品路径设置

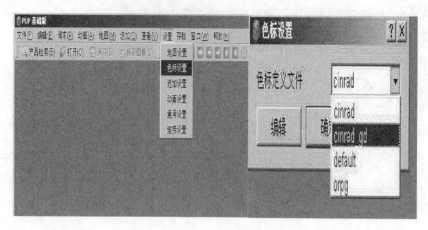

图 5-19　产品色标设置

5.3.4　PUP 的常用操作

具体产品浏览打开产品检索,选择日期,产品号,仰角等精确选择具体产品。如图 5-20 所示。

图 5-20　产品配置

常用分析工具说明:

测量:显示鼠标划线的长度和角度,可以任意点开始到结束,新的测量代替旧的测量,关闭再次点击测量。

光标信息:显示详细的鼠标位置信息,之前一直有在底部产品状态栏显示相关信息,先增加一种显示方式,界面更便于查看。

光标联动:所有打开产品光标联动,联动位置基于经纬度匹配,不同雷达产品可以进行地理位置匹配。无地图的产品除外,如风廓线。

时间切换:图 5-21 中左,右箭头快捷键为"Ctrl+左/右键",切换同仰角不同的体扫时间的产品。

图 5-21　快捷操作

仰角切换：图 5-21 中上，下箭头 ，快捷键为"Ctrl＋上/下键"，切换同时间不同的仰角（PPI 等产品），切换不同的高度（CAPPI 产品）。

区域放大：右键点击区域放大后，有鼠标拉出一个区域，该区域放大充满整个产品界面，用于分析局部产品特征。

直方图：用于显示产品特征量的分布情况，图 5-22 所示为反射率因子的直方图，横坐标反射率因子，纵坐标面积，可以看出图中反射率因子绝大部分为 5～15 dBZ。

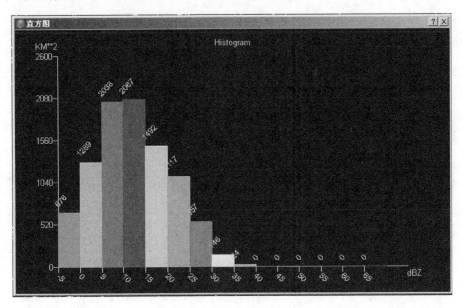

图 5-22　反射率分布直方图

第6章　双偏振雷达产品说明

6.1　产品说明

1. 单偏振雷达产品

单偏振雷达产品见表 6-1。

表 6-1　单偏振雷达产品

产品名称	分辨率（km）	覆盖范围（km）	仰角（°）	文 件 名
基本反射率	1.0	230	0.5	Z_RADR_I_IIiii_yyyyMMddhhmmss_P_DOR_雷达型号_R_10_230_5. ID. bin
			1.5	Z_RADR_I_IIiii_yyyyMMddhhmmss_P_DOR_雷达型号_R_10_230_15. ID. bin
			2.4	Z_RADR_I_IIiii_yyyyMMddhhmmss_P_DOR_雷达型号_R_10_230_24. ID. bin
	2.0	460	0.5	Z_RADR_I_IIiii_yyyyMMddhhmmss_P_DOR_雷达型号_R_20_460_5. ID. bin
			1.5	Z_RADR_I_IIiii_yyyyMMddhhmmss_P_DOR_雷达型号_R_20_460_15. ID. bin
			2.4	Z_RADR_I_IIiii_yyyyMMddhhmmss_P_DOR_雷达型号_R_20_460_24. ID. bin
基本速度	0.5	115	0.5	Z_RADR_I_IIiii_yyyyMMddhhmmss_P_DOR_雷达型号_V_5_115_5. ID. bin
			1.5	Z_RADR_I_IIiii_yyyyMMddhhmmss_P_DOR_雷达型号_V_5_115_15. ID. bin
			2.4	Z_RADR_I_IIiii_yyyyMMddhhmmss_P_DOR_雷达型号_V_5_115_24. ID. bin
	1.0	230	0.5	Z_RADR_I_IIiii_yyyyMMddhhmmss_P_DOR_雷达型号_V_10_230_5. ID. bin
			1.5	Z_RADR_I_IIiii_yyyyMMddhhmmss_P_DOR_雷达型号_V_10_230_15. ID. bin
			2.4	Z_RADR_I_IIiii_yyyyMMddhhmmss_P_DOR_雷达型号_V_10_230_24. ID. bin

续表

产品名称	分辨率 （km）	覆盖 范围 （km）	仰角 （°）	文 件 名
组合反射率	1.0×1.0	230		Z_RADR_I_IIiii_yyyyMMddhhmmss_P_DOR_雷达型号_CR_10X10_230_NUL. ID. bin
	4.0×4.0	460		Z_RADR_I_IIiii_yyyyMMddhhmmss_P_DOR_雷达型号_CR_40X40_460_NUL. ID. bin
回波顶	4.0×4.0	230		Z_RADR_I_IIiii_yyyyMMddhhmmss_P_DOR_雷达型号_ET_40X40_230_NUL. ID. bin
VAD 风廓线	2.0 m/s	N/A		Z_RADR_I_IIiii_yyyyMMddhhmmss_P_DOR_雷达型号_VWP_20_NUL_NUL. ID. bin
垂直累积 液态水含量	4.0×4.0	230		Z_RADR_I_IIiii_yyyyMMddhhmmss_P_DOR_雷达型号_VIL_40x40_230_NUL. ID. bin
1 小时降水	2.0	230		Z_RADR_I_IIiii_yyyyMMddhhmmss_P_DOR_雷达型号_OHP_20_230_NUL. ID. bin
3 小时降水	2.0	230		Z_RADR_I_IIiii_yyyyMMddhhmmss_P_DOR_雷达型号_THP_20_230_NUL. ID. bin
风暴总降水	2.0	230		Z_RADR_I_IIiii_yyyyMMddhhmmss_P_DOR_雷达型号_STP_20_230_NUL. ID. bin
反射率等高面位 置显示（CAPPI）	1.0	230		Z_RADR_I_IIiii_yyyyMMddhhmmss_P_DOR_雷达型号_CAR_10_230_NUL. ID. bin

2. 双偏振雷达产品

CINRAD/SA 雷达气象产品见表 6-2。

表 6-2 CINRAD/SA（双偏振）雷达气象产品表

产品 序号	产品 代码	分辨率	覆盖范围 （极坐标,km 笛卡尔坐标, km×km）	产品名称	数据 等级	类别
				（1）图像产品		
1.	19	1°×1.0 km	230	基本反射率（R）	16	基本产品 PPI
2.	20	1°×2.0 km	460	基本反射率（R）	16	基本产品 PPI
3.	21	1°×4.0 km	460	基本反射率（R）	16	基本产品 PPI
4.	25	1°×0.25 km	60	基本速度（V）	16	基本产品 PPI
5.	26	1°×0.5 km	115	基本速度（V）	16	PPI
6.	27	1°×1.0 km	230	基本速度（V）	16	PPI
7.	28	1°×0.25 km	60	基本谱宽（SW）	16	PPI
8.	29	1°×0.5 km	115	基本谱宽（SW）	16	PPI
9.	30	1°×1.0 km	230	基本谱宽（SW）	16	PPI
10.	31	1°×2.0 km	230	用户可选降水（USP）	16	降水产品 USP

续表

产品序号	产品代码	分辨率	覆盖范围（极坐标，km 笛卡尔坐标，km×km）	产品名称	数据等级	类别
11.	33	1°×1.0 km	230	混合扫描反射率(HSR)	16	降水产品 HSR
12.	37	1.0 km×1.0 km	230	组合反射率(CR)	16	基本产品 CR
13.	38	4.0 km×4.0 km	460	组合反射率(CR)	16	基本产品 CR
14.	39	1.0 km×1.0 km	230	组合反射率等值线(CRC)	12	衍生产品 CONTOUR
15.	40	4.0 km×4.0 km	460	组合反射率等值线(CRC)	12	衍生产品 CONTOUR
16.	41	4.0 km×4.0 km	230	回波顶(ET)	16	基本产品 TOPS
17.	42	4.0 km×4.0 km	230	回波顶等值线(ETC)	12	衍生产品 CONTOUR
18.	43	1°×1.0 km	50×50	强天气分析反射率(SWR)	16	衍生产品 SWA
19.	44	1°×0.25 km	50×50	强天气分析速度(SWV)	16	衍生产品 SWA
20.	45	1°×0.25 km	50×50	强天气分析谱宽(SWW)	16	衍生产品 SWA
21.	46	1°×0.5 km	50×50	强天气分析切变(SWS)	16	衍生产品 SWA
22.	47	4.0 km×4.0 km	230	强天气概率(SWP)	N/A	衍生产品 SWP
23.	48	2.0 m/s	N/A	VAD 风廓线(VWP)	6	风场产品 VWP
24.	50	1°×1.0 km	230×21	反射率剖面(RCS)	16	衍生产品 VCS
25.	51	1°×1.0 km	230×21	速度剖面(VCS)	16	衍生产品 VCS
26.	52	1°×1.0 km	230×21	谱宽剖面(SCS)	16	衍生产品 VCS
27.	53	1°×1.0 km	50×50	弱回波区(WER)	16	衍生产品 WER
28.	55	1°×0.5 km	50×50	局部风暴相对径向速度(SRR)	16	风场产品 SRR
29.	56	1°×1.0 km	230	风暴相对径向速度(SRM)	16	风场产品 SRM
30.	57	4.0 km×4.0 km	230	垂直累计液态水含量(VIL)	16	基本产品 VIL
31.	58	N/A	345	风暴追踪信息(STI)	N/A	风暴产品 STI
32.	59	N/A	460	冰雹指数(HI)	N/A	风暴产品 HI
33.	60	N/A	230	中尺度气旋(M)	N/A	风暴产品 M
34.	61	N/A	230	龙卷涡旋特征(TVS)	N/A	风暴产品 TVS
35.	62	N/A	345	风暴结构(SS)	N/A	风暴产品 SS
36.	63	4.0 km×4.0 km	460×460	分层(1)组合反射率平均值(LRA)	16	衍生产品 LRA
37.	64	4.0 km×4.0 km	460×460	分层(2)组合反射率平均值(LRA)	16	衍生产品 LRA
38.	65	4.0 km×4.0 km	460×460	分层(1)组合反射率最大值(LRM)	16	衍生产品 LRM
39.	66	4.0 km×4.0 km	460×460	分层(2)组合反射率最大值(LRM)	16	衍生产品 LRM
40.	73	N/A	N/A	用户警报信息(UAM)	N/A	衍生产品 UAM
41.	78	1°×2.0 km	230	1 小时降水(OHP)	16	降水产品 OHP
42.	79	1°×2.0 km	230	3 小时降水(THP)	16	降水产品 THP
43.	80	1°×2.0 km	230	风暴总降水(STP)	16	降水产品 STP

续表

产品序号	产品代码	分辨率	覆盖范围 （极坐标，km 笛卡尔坐标， km×km）	产品名称	数据等级	类别
44.	84	2.5 m/s	N/A	速度方位显示（VAD）	16	风场产品 VAD
45.	87	1 km×1 km	230×230	综合切变（CS）	16	风场产品 SHEAR
46.	88	1 km×1 km	230×230	综合切变等值线（CSC）	6	衍生产品 CONTOUR
47.	89	4.0 km×4.0 km	460×460	分层(3)组合反射率平均值（LRA）	16	衍生产品 LRA
48.	90	4.0 km×4.0 km	460×460	分层(3)组合反射率最大值（LRM）	16	衍生产品 LRM
49.	110	1°×1.0 km	230	CAPPI 反射率等高面位置显示（CAR）	16	基本产品 CAPPI
50.	111	1°×0.25 km	60	CAPPI 速度等高面位置显示（CAV）	16	基本产品 CAPPI
51.	112	1°×0.5 km	115	CAPPI 速度等高面位置显示（CAV）	16	基本产品 CAPPI
52.	113	1°×1.0 km	230	CAPPI 速度等高面位置显示（CAV）	16	基本产品 CAPPI
53.	114	1°×0.25 km	60	CAPPI 谱宽等高面位置显示（CAS）	16	基本产品 CAPPI
54.	115	1°×1.0 km	230	CAPPI 谱宽等高面位置显示（CAS）	16	基本产品 CAPPI
				（2）双偏振产品		
55.	158	1°×0.25 km	230	差分反射率（Z_{dr}）	16	基本产品 PPI
56.	160	1°×0.25 km	230	相关系数（CC）	16	基本产品 PPI
57.	161	1°×0.25 km	230	差分传播相移（Φ_{dp}）	16	基本产品 PPI
58.	162	1°×0.25 km	230	差分传播相移率（K_{dp}）	16	基本产品 PPI
59.	163	1°×0.25 km	230	退偏振比（L_{dr}）（单发双收模式下）	16	基本产品 PPI
60.	164	1°×0.25 km	230	粒子相态分类（HCL）	10	衍生产品 HCL
61.	166	N/A	N/A	融化层识别（ML）	N/A	衍生产品 ML
62.	168	1°×0.25 km	230	双偏振定量降水估计	16	降水产品 QPE
63.	169	1°×0.25 km	230	1 小时降水（OHP）（双偏振算法）	16	降水产品 OHP
64.	170	1°×0.25 km	230	3 小时降水（THP）（双偏振算法）	16	降水产品 THP
65.	171	1°×0.25 km	230	风暴总降水（STP）（双偏振算法）	16	降水产品 STP
				（3）文字信息产品		
66.	59	N/A	N/A	冰雹指数字母数值列表	N/A	风暴产品 HI 的匹配产品
67.	60	N/A	N/A	中气旋字母数值列表	N/A	风暴产品 M 的匹配产品
68.	61	N/A	N/A	龙卷风涡旋字母数值列表	N/A	风暴产品 TVS 的匹配产品
69.	75	N/A	N/A	自由文本信息（FTM）	N/A	衍生产品 FTM
70.	78	N/A	N/A	1 小时降水字母数值列表	N/A	降水产品 OHP 的匹配产品
71.	79	N/A	N/A	3 小时降水字母数值列表	N/A	降水产品 THP 的匹配产品
72.	80	N/A	N/A	风暴总降水字母数值列表	N/A	降水产品 STP 的匹配产品
73.	82	N/A	N/A	降水补充数据（SPD）	N/A	降水产品 SPD

根据中国气象局综合观测司关于新一代天气雷达 PUP 产品新版传输软件业务运行的通知（气测函〔2017〕48 号），新一代天气雷达共有 36 种考核产品如表 6-3。

表 6-3　新一代天气雷达共有 36 种考核产品

序号	产品名称	产品标识	分辨率（km）	覆盖范围（极坐标，km）（笛卡儿坐标，km×km）	仰角（°）	文 件 名
1					0.5	Z_RADR_I_IIiii_yyyMMddhhmmss_P_DOR_雷达型号_R_10_230_5. ID. bin
2					1.5	Z_RADR_I_IIiii_yyyMMddhhmmss_P_DOR_雷达型号_R_10_230_15. ID. bin
3		R	1	230	2.4	Z_RADR_I_IIiii_yyyMMddhhmmss_P_DOR_雷达型号_R_10_230_24. ID. bin
4					3.4	Z_RADR_I_IIiii_yyyMMddhhmmss_P_DOR_雷达型号_R_10_230_34. ID. bin
5	基本反射率				4.3	Z_RADR_I_IIiii_yyyMMddhhmmss_P_DOR_雷达型号_R_10_230_43. ID. bin
6					6.0	Z_RADR_I_IIiii_yyyMMddhhmmss_P_DOR_雷达型号_R_10_230_60. ID. bin
7					0.5	Z_RADR_I_IIiii_yyyMMddhhmmss_P_DOR_雷达型号_R_20_460_5. ID. bin
8		R	2	460	1.5	Z_RADR_I_IIiii_yyyMMddhhmmss_P_DOR_雷达型号_R_20_460_15. ID. bin
9					2.4	Z_RADR_I_IIiii_yyyMMddhhmmss_P_DOR_雷达型号_R_20_460_24. ID. bin
10					0.5	Z_RADR_I_IIiii_yyyMMddhhmmss_P_DOR_雷达型号_V_5_115_5. ID. bin
11		V	0.5	115	1.5	Z_RADR_I_IIiii_yyyMMddhhmmss_P_DOR_雷达型号_V_5_115_15. ID. bin
12					2.4	Z_RADR_I_IIiii_yyyMMddhhmmss_P_DOR_雷达型号_V_5_115_24. ID. bin
13					0.5	Z_RADR_I_IIiii_yyyMMddhhmmss_P_DOR_雷达型号_V_10_230_5. ID. bin
14	基本速度				1.5	Z_RADR_I_IIiii_yyyMMddhhmmss_P_DOR_雷达型号_V_10_230_15. ID. bin
15					2.4	Z_RADR_I_IIiii_yyyMMddhhmmss_P_DOR_雷达型号_V_10_230_24. ID. bin
16		V	1	230	3.4	Z_RADR_I_IIiii_yyyMMddhhmmss_P_DOR_雷达型号_V_10_230_34. ID. bin
17					4.3	Z_RADR_I_IIiii_yyyMMddhhmmss_P_DOR_雷达型号_V_10_230_43. ID. bin
18					6.0	Z_RADR_I_IIiii_yyyMMddhhmmss_P_DOR_雷达型号_V_10_230_60. ID. bin

续表

序号	产品名称	产品标识	分辨率 (km)	覆盖范围 (极坐标,km) (笛卡儿坐标, km×km)	仰角 (°)	文件名
19	组合反射率	CR	1.0×1.0	230		Z_RADR_I_IIiii_yyyMMddhhmmss_P_DOR_雷达型号_CR_10X10_230_NUL. ID. bin
20		CR	4.0×4.0	460		Z_RADR_I_IIiii_yyyMMddhhmmss_P_DOR_雷达型号_CR_40X40_460_NUL. ID. bin
21	VAD 风廓线	VWP	2.0 m/s	N/A		Z_RADR_I_IIiii_yyyMMddhhmmss_P_DOR_雷达型号_VWP_20_NUL－NUL. ID. bin
22	弱回波区	WER	1	50×50		Z_RADR_I_IIiii_yyyMMddhhmmss_P_DOR_雷达型号_WER_10_50x50_NUL. ID. bin
23	垂直累积液态水含量	VIL	4.0×4.0	230		Z_RADR_I_IIiii_yyyMMddhhmmss_P_DOR_雷达型号_VIL_40x40_230_NUL. ID. bin
24	1 小时降水	OHP	2	230		Z_RADR_I_IIiii_yyyMMddhhmmss_P_DOR_雷达型号_OHP_20_230_NUL. ID. bin
25	3 小时降水	THP	2	230		Z_RADR_I_IIiii_yyyMMddhhmmss_P_DOR_雷达型号_THP_20_230_NUL. ID. bin
26	风暴总降水	STP	2	230		Z_RADR_I_IIiii_yyyMMddhhmmss_P_DOR_雷达型号_STP_20_230_NUL. ID. bin
27	反射率等高面位置显示 (CAPPI)	CAR	1	230		Z_RADR_I_IIiii_yyyMMddhhmmss_P_DOR_雷达型号_CAR_10_230_NUL. ID. bin
28	混合扫描反射率	HSR	1	230	N/A	Z_RADR_I_IIiii_yyyMMddhhmmss_P_DOR_雷达型号_HSR_10_230_NUL. ID. bin
29	回波顶高	ET	4	230×230	N/A	Z_RADR_I_IIiii_yyyMMddhhmmss_P_DOR_雷达型号_ET_40X40_230_NUL. ID. bin
30	风暴相对径向速度	SRM	1	230	1.5	Z_RADR_I_IIiii_yyyMMddhhmmss_P_DOR_雷达型号_SRM_10_230_15. ID. bin
31	风暴追踪信息	STI	N/A	345	N/A	Z_RADR_I_IIiii_yyyMMddhhmmss_P_DOR_雷达型号_STI_NUL_345_NUL. ID. bin
32	冰雹指数	HI	N/A	230	N/A	Z_RADR_I_IIiii_yyyMMddhhmmss_P_DOR_雷达型号_HI_NUL_230_NUL. ID. bin
33	中尺度气旋	M	N/A	230	N/A	Z_RADR_I_IIiii_yyyMMddhhmmss_P_DOR_雷达型号_M_NUL_230_NUL. ID. bin
34	龙卷涡旋特征	TVS	N/A	230	N/A	Z_RADR_I_IIiii_yyyMMddhhmmss_P_DOR_雷达型号_TVS_NUL_230_NUL. ID. bin
35	风暴结构	SS	N/A	345	N/A	Z_RADR_I_IIiii_yyyMMddhhmmss_P_DOR_雷达型号_SS_NUL_345_NUL. ID. bin
36	组合切变	CS	1.5	230×230	1.5	Z_RADR_I_IIiii_yyyMMddhhmmss_P_DOR_雷达型号_CS_10X10_115_15. ID. bin

6.2　产品应用

双偏振基本产品除了单偏振的反射率强度(Z)、径向速度(V)和谱宽(W)外,还包括差分反射率(Z_{dr})、相关系数(CC)、差分传播相移(Φ_{dp})、差分传播相移率(K_{dp})、退偏振比(L_{dr})等,产品说明及应用情况如下。

6.2.1　相关系数(CC)

相关系数用来衡量单个脉冲采样体内,水平和垂直极化脉冲返回信号变化的相似度,简单来说就是脉冲变化一致性好,CC 值高;脉冲变化一致性差,CC 值低。它的值范围从 0 到 1.05(无量纲),在美国天气局(NWS)系统内缩写为 CC,但在多数的研究论文中记为 ρ_{HV}(也有些地方记为 RHO)。

在通常情况下,CC 产品并非可以单独使用的双偏振产品,需要结合反射率、径向速度等产品叠加使用,用于区分气象回波和非气象回波,以及识别空间天气类型。一般情况下,气象回波 CC 值高,非气象回波 CC 值低,这取决于探测空间内部的一致性和差异性。如雨和雪等均匀分布的气象粒子,内部一致性好,CC 值通常高于 0.97;鸟和昆虫等形状变化复杂通常返回的 CC 值低于 0.8,而冰雹和湿雪等具有复杂形状和混合的相位的回波 CC 值介于 0.8～0.97,甚至个别的大冰雹 CC 值低于 0.8。

6.2.2　差分反射率(Z_{dr})

差分反射率用来衡量单个脉冲空间内,水平和垂直极化脉冲返回信号的比,以 LOG 表示。如果用反射率 dBZ 来表示,它是水平和垂直通道反射率的差值。它的值从 −7.9 到 7.9 dB,差分反射率用 Z_{dr} 来标记。Z_{dr} 产品显示的标尺的小值有时从 −2 dB 开始,这并不影响数据的使用,因为大部分的气象目标散射会产生高于 −2 dB 的 Z_{dr} 值。Z_{dr} 提供关于雷达回波粒子中值形状的信息,因此,它能够比较好地估计雨滴的中值尺寸并用来检测冰雹。

尽管差分反射率能够体现粒子的形状,但受制于粒子颗粒大小以及仪器本身的探测能力,会有一定的局限性,主要体现在受大粒子、粒子密度、米散射、低信噪比(SNR)、退偏振等影响会产生较大偏差。在同样形状的粒子条件下,主要表现为,粒子增大 Z_{dr} 值也相应地增大;粒子密度增大 Z_{dr} 值也相应增高;冰雹直径大于 2 cm,由于米散射效应 Z_{dr} 值会变成负的;在低信噪比(SNR)和低相关系数(CC)的区域,差分反射率的错误率显著高;有些时候,脉冲信号的一部分在反射回雷达时其极化会改变到与发射脉冲相反的通道中,这些因素都会影响 Z_{dr} 产品。

6.2.3　差分相移率(K_{dp})

差分相移率(K_{dp})定义为水平和垂直通道差分相移的距离导数。水平和垂直极化脉冲在媒介(如雪、冰雹等)中传播,两个脉冲的衰减(或传播变慢)引起它们的相位变化(或频移)。由于形状和密集程度的不同,大部分的目标在水平和垂直方向上的相位偏移并不相等,这样就会带来差分相移。差分相移的计算是简单的减法,正的差分相移表示水平相移大于垂直相移。水平方向排列的目标会随着距离增加产生越来越大的正的差分相移,垂直方向排列的目标会随着距离增加产生越来越小的负的差分相移，圆的目标产生接近零的差分相移，与距离增加无关。此外，与 Z_{dr} 不同，差分相移还依赖于粒子的密集程度。粒子数量越多差分相移越大。例如，在一个脉冲采样体中水平方向的目标越多，产生的正差分相移越大。

K_{dp} 产品受制于距离库内无差别的差分信息识别（即，不管是不是气象粒子均有差分相移信息）和雷达本身仪器性能，在保证业务可用的情况下，K_{dp} 的业务应用主要是探测强降雨区域，尤其是以下情况：单纯强降雨、强降雨、混合冰雹、冷/暖降雨过程。在以上情况中距离库内的差分相移信息较为准确，差分相移率产品可用性高。但在下列情况中使用差分相移率产品需谨慎：在 CC 小于 0.90 时不计算（显示为背景色）、低 SNR 时比较噪、受不均匀波束填充 NBF 影响。因为 CC 小于 0.90 时，距离库内差分相移信息正确率降低，差分相移率准确率也降低。

6.2.4　相态分类（HCL）

相态分类（HCL）产品以 Z，V，Z_{dr}、CC 和 K_{dp} 数据作为输入，加以相态/水凝物分类算法，输出态/水凝物类别（HC）。虽然相比于 CC 产品，HCL 产品能够更为直观地体现粒子类别，但也由此可见 HCL 产品的可用性依靠 Z，V，Z_{dr}，CC 和 K_{dp} 数据的准确率。

相态/水凝物分类算法预定义 10 种回波类型，在产品显示中用 10 种不同的色块进行区分，回波类型有：生物回波（BI），包括鸟和昆虫等；地物杂波（GC），包括建筑物、树、汽车等，也包括异常传播 AP；冰晶（IC），定义为柱状、针状、盘状等的冰颗粒；干雪（DS），低密度的雪花；湿雪指正在融化的雪花（WS）；弱到中等程度降雨（RA），相当于小时降水量小于 25.4 mm；（HR）强降水，相当于小时降水量大于 25.4 mm；大雨滴（BD），指直径至少为 3～4 mm 的雨滴，它们通常密度低，出现在对流的前面边缘；霰粒子包括软冰/小雪粒形式的固态降水（GR）；包括纯冰雹或者雨夹冰雹（HA）；未知类型（UK），是指算法无法判断的情况，可能是算法不够确信或两个类别非常接近。

相态分类（HCL）产品的出现在业务应用上有助于预报员快速甄别敏感区域，而 HC 在定量降水估计（QPE）中有助于降水类型的识别，促进算法的选择，有利于提高定量降水估测的准确性。凡事有利皆有弊，在 HC 算法的选择上，模糊逻辑成员函数和权重的主观性和经验性较强；在不同的相态分类中，有些分类之间的双偏振特征非常类似，以至于回波类别难以区分，这都是相态/水凝物分类算法的缺点。

6.2.5　融化层（ML）

融化层在 CC 和 Z_{dr} 产品上均有明显的特征。这个特征被融化层探测算法（MLDA）用来自动探测融化层，产生融化层（ML）产品。融化层就是 0℃ 层，0℃ 层以上是固态冰晶粒子或者过冷水滴，0℃ 层以下是液态水滴，此产品有助于混合相态的气象回波解析。

HCL 产品是基于 CC 和 Z_{dr} 产品生成的，CC 和 Z_{dr} 产品的可用性，直接影响融化层（HCL）产品的业务可用性。除此之外，雷达的体扫能力和天线的稳定性也会直接影响融化层（HCL）产品的正确率。

第 7 章　双偏振雷达故障案例分析

7.1　发射机系统

1. 2017 年 4 月 8 日广州雷达灯丝电源故障

2017 年 4 月 8 日 14 时 16 分到 18 时 42 分广州雷达发射机面板灯丝电源故障灯亮,出现如下报警信息:

FILAMENT　POWER　SUPPLY　OFF

STANDBY　FORCED　BY　INOP　ALARM

KLYSTRON　FILAMENT　CURRENT　FAIL

TRANSMITTER　RECYCLING

从报警信息可以基本确定是发射机内 PS1 灯丝电源组件坏了,再谨慎检查发射机其他部分和组件,确定没别的隐患,到备件室找到标有"好、可用"某日期换下的 3PS1 灯丝电源组件,更换雷达上坏的灯丝电源。

3PS1 组件更换后,通电热机,上述报警消失,预热至发射机可以加高压的指示灯亮,点 RDASC 软件的"运行"项,天线正常转动,无报警信息,暂时雷达整体运行正常。

但到整 6 min,雷达体扫开始,发射机加高压过程中,高压高到一定值时,高压就掉下来,高压加不上。经调整发射机上的"灯丝电流"和"人工线电压"的旋钮(之前记下初始位置),通过调整这两个值的大小后,雷达运行有一定改善,但很不稳定,最多一两个体扫高压就掉。

重新更换新的 3PS1 灯丝电源,先把发射机上的"灯丝电流"和"人工线电压"的旋钮恢复到初始位置,再把新的 SP1 灯丝电源换上雷达,开机、预热、开高压观测,一切正常。最后通过规范的故障后调整、检测和记录参数,雷达恢复正常工作。

经验总结:发现第一次换上的备件是单偏振雷达的旧件,虽然是好件,但和双偏振雷达不匹配,在高压加到一定值时,发射机真空管由于灯丝提供的电子不足,当电子流无以为继时,高压就往下掉,造成高压加不上。因此,换下的旧件一定要上机调试才可作为备件使用。

灯丝电源 3PS1 是一个交流稳流电源,其组成框图见图 7-1。它将 380 V 交流电源经过控制,变换成为电流稳定的交流电源,输出送至灯丝中间变压器,通过位于油箱中的脉冲变压器及灯丝变压器,为速调管灯丝供电;并且对输出电源进行采样监测,将输出的电源电压和电流的采样信号输出至测量接口板,将灯丝电源电压故障信号送至控制板。

发射机面板灯丝电压故障灯报警,采样位置在灯丝电源,报警位置在灯丝电源。发射机面板灯丝过流故障灯报警,采样位置在灯丝电源,报警位置在测量接口板。灯丝电流故障报警电路图如图 7-2 所示。

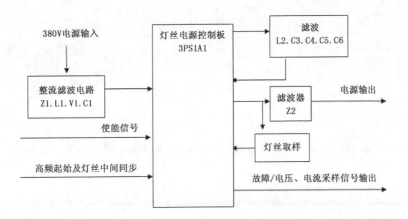

图 7-1　灯丝电源 3PS1 组成框图

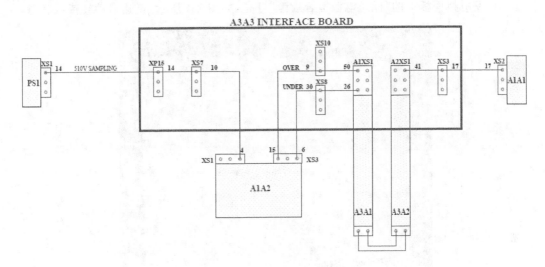

图 7-2　灯丝电流故障报警电路图

灯丝电源控制板 3PS1A1 的 XS1:14 为 510V 采样(32 脚为参考地电位)。测量接口板 3A1A2 的 XS1:4 为灯丝电流取样,XS3:15 为灯丝过流故障、6 脚为灯丝欠流故障。故障显示板 3A1A1 的 XS2:17 为灯丝电流故障、18 脚为 5 次故障循环。

灯丝过/欠压故障报警电路图如图 7-3 所示。

灯丝电源控制板 3PS1A1 的 XS1:4 为过/欠压信号(22 脚为参考地电位)。故障显示板 3A1A1 的 XS2:8 为灯丝过/欠压故障。

2. 2017 年 9 月 11 日广州雷达发射机＋15 V 电源故障

2017 年 9 月 11 日 04 时 23 分广州雷达出现故障报警,出现如下报警信息:

FILAMENT POWER SUPPLY OFF

STANDBY FORCED BY INOPALARM

XMTR ＋15VDC POWERSUPPLY FAIL

TRANSMITTER RECYCLING

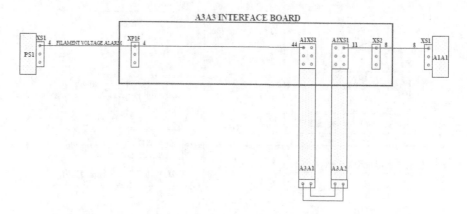

图 7-3　灯丝过/欠压故障报警电路图

同时,发射机面板上的"低压电源综合故障"灯亮,如图 7-4 所示,雷达自动转待机状态。

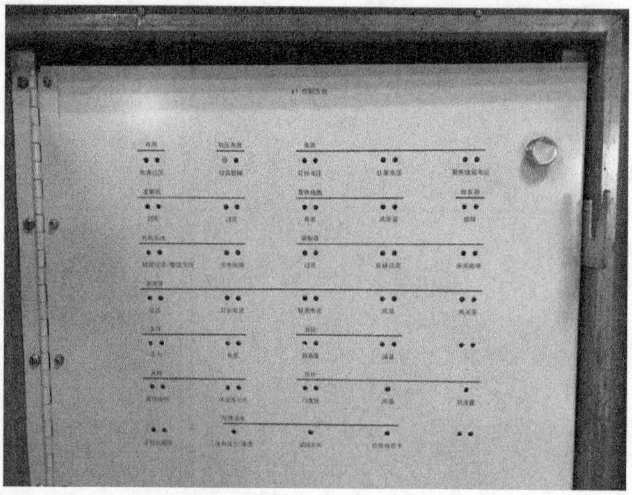

图 7-4　控制面板低压电源综合故障灯亮

　　在出现报警后,进行手动复位和故障显示复位,重启 RDASC 软件后运行,雷达恢复正常运行一段时间。但在运行一段时间后,又分别在 05 时 08 分—05 时 10 分以及 07 时 20 分—07时 29 分这两个时间段出现同样的报警信息,雷达自动转到待机状态。

　　由于这三次故障报警信息完全一致,再结合发射机面板上的"低压电源综合故障"灯亮,可以初步判断出是发射机灯丝电源故障以及发射机+15 V 电源故障。而灯丝电源控制板依赖于+15 V 电源供给,如图 7-5 所示。

　　首先检查了雷达站备件,确认有新的+15 V 电源备件可以更换后,决定先更换发射机+15 V 电源。于是在 9 月 11 日 10 时 10 分,雷达再次出现报警,如图 7-6 所示,计划更换发射机+15 V 电源组件。把+15 V 电源组件拆下来后,首先用万用表测了组件的保险管,排除了保险管烧断的可能性后再进行后续的更换工作。

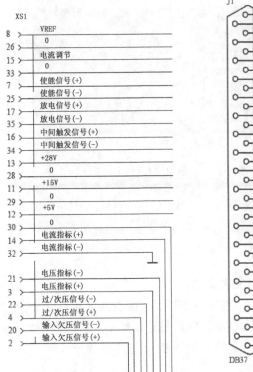
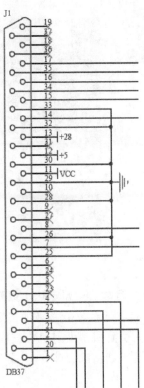

图 7-5　3PS1A1 灯丝电源控制板 J1 接口含义

图 7-6　报警时低压电源的工作指示灯

　　在更换发射机＋15 V 电源 3PS4 组件后,如图 7-7 所示,通电热机,上述报警消失,预热至发射机可以加高压的指示灯亮,点 RDASC 软件的"运行"项,天线正常转动,无报警信息。最后对故障修复后雷达标校情况发射机各组件的运行情况一一进行了调整、检测和完整的记录,确认无误,雷达恢复正常运行。

图 7-7　更换下来的＋15V 电源

3. 2016 年 7 月 2 日连州雷达水银开关故障

2016 年 7 月 2 日至 2016 年 7 月 6 日连州雷达 RPG 电脑重复提示发射机机柜风流量故障告警。经值班人员到机房发射机检查,发射机控制面板机柜风流量故障指示灯点亮,如图 7-8 所示。值班人员手动清除故障,过几分钟重复报警,确定不是虚假故障。

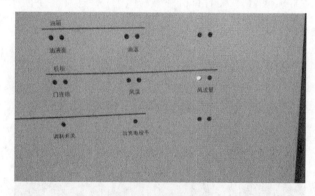

图 7-8　风流量报警

机务维修人员根据雷达资料查找得到机柜风流量信号流程。发射机主风机工作时,从发射机背面进风口吸入空气,经过过滤网把空气送入发射机主风道。空气把主风道上方的机柜风流量传感器叶片推动,使机柜风流量传感器(水银开关)导通,从而送给发射机主控板 5 V 的信号。主控板收到 5 V 信号,认为发射机主风机工作正常,正常吸入空气散热。主控板检查信号是否正常,判断是否点亮发射机操作面板上的故障报警灯,与此同时主控板会通过线缆与 RDA 电脑上方 DAU 转接板通信,发送一个正常工作的信号。RDA 电脑通过串口与 DAU 转接板通信,读取主控板发过来的信号。最后,RDA 电脑经局域网网络与 RPG 电脑通信,发送工作正常的信号。因此,值班人员在 RPG 电脑上能够查看到雷达状态。具体流程如图 7-9 所示。

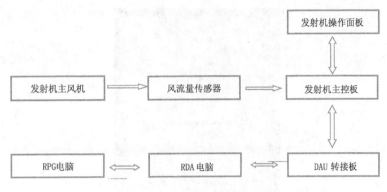

图 7-9　风流量信号处理流程

机务维修人员根据信号流程逐一排查。

(1)检查风机及风道

①检查风机是否正常工作,风道过滤网是否阻塞。建议使用一张 A4 纸放置在发射机进风口,看 A4 纸是否被吸附在过滤网上,如图 7-10 所示。

图 7-10　巧用 A4 纸检查风机效果

②取下发射机进风口过滤网查看是否干净,滤网是否有异物堵塞。

③查看发射机保险组件,保险丝 F7、F8、F9 是否正常。检查方式如下,完全请停止雷达,切断雷达所有供电。打开发射机中门,位于左上方是保险组件,如图 7-11 所示。打开 F7、F8、F9 保险槽,取出保险丝。使用万用表二极管档位,逐个连接保险丝两端,万用表蜂鸣器鸣叫即保险丝还没有熔断,处于正常状态。如果没有鸣叫,就及时更换保险丝。

(2)检查机柜风流量传感器

检查机柜风流量传感器叶片是否正常转动,是否有异物。检查方式如下,打开发射机背面中门,机柜风流量传感器位于机柜下方,如图 7-12 所示。取下传感器,检查叶片是否正常转动,如图 7-13 所示。

(3)检查风流量传感器水银开关是否正常。

检查方式如下,水银玻璃泡是否破裂,水平放置如图 7-12,拨动叶片如图 7-13,用万用表二极管档位,表柄连接红黑接线端,蜂鸣器鸣叫即开关是正常。经检查,水银开关玻璃泡破裂,水银流失导致叶片无法使开关导通,无法发送 5V 正常工作的信号给发射机主控板。主控板认为主风机没有转动,从而点亮发射机操作面板的机柜风流量故障灯。同时主控板发送风流

图 7-11　保险丝组件

图 7-12　风流量传感器

图 7-13　风流量传感器叶片

量不正常的信号给 RDA 电脑，RDA 电脑发送给 RPG。解决方式如下，由于台站没有水银开关，风机风道是正常。为了使雷达正常业务运行，机务维修人员使传感器两端的接线暂时短接，如图 7-14 所示。给予主控板 5V 的信号，从而清除故障，使主控板不发送报警，待备件到站后再进行更换。

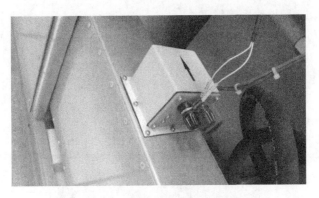

图 7-14　风流量传感器短接测试

4. 2016 年 4 月 13 日韶关雷达发射机故障

2016 年 4 月 13 日,雷达报警 PRF LIMIT,发射机显示面板上占空比超限红灯亮起,雷达待机停止工作,值班人员关闭高压,调低人工线电压,关闭辅助供电,重启雷达系统,报警消失,重新开启雷达后几分钟,仍然报警 PRF LIMIT,雷达强制待机。

PRF 和充电触发、放电触发、灯丝中间同步、后校平触发、高频起始触发、射频驱动触发相关,在一个重复频率周期内,这几个触发命令都会出现一次且仅有一次,无论哪个触发在一个周期内出现多余一次触发时候,就会报警 PRF LIMIT,即报警"占空比超限"。根据维修经验和报警信息,由于高压打火,造成充放电故障,故维修人员先从充放电信号开始检查。

充电触发信号是一个幅度为 10～15 V,脉宽为 10 μs 的被延时了的矩形波。用示波器探头勾住前面板测试点(ZP1 是充电触发信号,ZP6 是信号地),波形基本正常,而当把示波器显示波形打密来观察波形时候发现,充电触发信号有缺失,异常波形如图 7-15 所示。

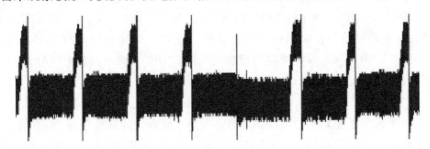

图 7-15　充电触发信号异常

根据主控板图纸,发现充电信号走向是 XS1B(119/120)→差分接收 D20(AM26LS33)→逻辑非 D18(54ALS05)→光耦 V49(HCPL2601)→TimerSignalIn。根据图纸和站内备件情况,首先调换 V49 和 V46 两个相同的光耦,发现充电输出仍然异常,然后再调换 D18 和 D10 两个相同的逻辑非芯片,输出仍然异常,再更换差分接收芯片 D20,发现输出正常。然后,检测开关组件的充电触发(用示波器探头勾住前面板测试点(ZP1 是充电触发信号,ZP6 是信号地)),观察触发信号,显示正常。

根据维修经验,仅仅开关组件缺少一个充电脉冲,雷达不会强制停机,所以还需要对发射机进行进一步的检查。在检查触发器组件时,发现放电触发信号不稳定(ZP1 是信号地,ZP4 是放电触发信号),干扰比较严重,波形如图 7-16 所示,最左侧的信号为干扰信号,出现后很快消失,几秒后又马上出现,抖动比较厉害。

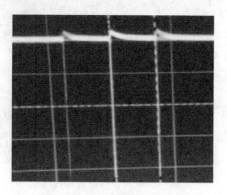

图 7-16　放电触发信号异常

采用相同的思路,根据主控板图纸,更换差分接收芯片 DS26LS33 后,波形恢复正常,干扰消失。

此时,占空比超限报警消失,但是发射机面板上的宽窄脉冲不能切换。打开平台 RDA-SOT,进入 ASCOPE 界面,切换发射机脉宽,脉宽仍然无法切换。由于之前的占空比超限是主控板引起的,怀疑仍然是主控板上的控制信号出现了问题。在图纸上找出调制器脉宽选择 SHBMPLS 信号走向:差分接收器 D22(AM26LS33)→逻辑非 D11(54ALS05)→光耦 V42(HCPL2601)→PLD→逻辑非 D1(54ALS04)→逻辑非 D2(54ALS05)→光耦 V15(TLP521-4)→输出三路,三路信号分别到开关组件,后校平组件和调制器组件。由于信号比较复杂,采用信号流程法,根据图纸依次对信号进行检测。将宽窄脉冲切换信号(SHBMPLSQ 信号)引出测试,具体操作是将两根测试线分别焊接到宽窄脉冲切换信号输出点和接地点,再打开测试平台 RDASOT,进入 ASCOPE 界面,切换发射机脉宽,如果可以在示波器上看到高低电平变化,表明宽窄脉冲切换控制信号在此测试点是正常的。比如差分接收器 D22 芯片的 5 脚输出,8脚是地,分别在 5 脚和 8 脚上焊接两根测试线,在 ASCOPE 界面切换发射机脉宽,看到了明显的高低电平,表明 D22 输出正常。在检查光耦 V42 的时候出现了点小问题,由于准备了两根测试线,对 V42 的输入 3 脚和输出 6 脚进行测试,发现输入有,输出没有,再检查 V42 的供电也是正常的,原来是由于隔离电源的原因,将 V42 的 5 脚地用测试线接出来,重新测试 V42 的输出,切换平台的宽窄脉冲,看到了明显的高低电平变化,表明 V42 的输出正常。在此,不依次描述宽窄脉冲切换信号在主控板上的测试过程,在测试后均显示正常。

接下来测试调制器部分的宽窄脉冲切换信号,根据 3A12 调制器电路图纸表明进入调制器的脉宽标志接点是在 J1 的 33 脚,测试该脚,在 ASCOPE 平台切换宽窄脉冲,发现高低电平变化正常。再检查触发器均压板,根据 3A12A9_N 的电路图纸测试光耦 U2(TLP521-1)的输入和输出,发现输入正常而输出异常,将此光耦的 3 和 4 脚短接,发现切换到了窄脉冲。因为没有光耦 U2 备件,所以将 U2 的 3 和 4 脚短接(暂时切换到窄脉冲方便测试)等待备件。两天后备件到站,更换 U2,宽窄脉冲切换恢复正常。

在维护过程中发现,油箱接口 E1 上面有明显的打火痕迹,而地线搭在了上面。维护人员将电源关闭,重新整理、布局了线路,防止再次打火。调低人工线电压,开启 RDASC 平台,重新标定,报线性通道杂波抑制变坏,测试发现高频激励器 3A4 输出波形异常,更换站内备件

3A4,雷达恢复正常。

由于地线搭在油箱接口 E1 接线柱上,造成高压放电打火,烧坏主控板芯片,3A4 等相关器件,维护人员根据相关信号流程和通过关键点波形测试,在维护过程中发现新问题,并把全部故障排除。

5. 2016 年 9 月 13 日韶关雷达发射机掉电故障

2016 年 9 月 13 日,发射机低压正常,预热正常,加高压时发射机(配电柜发射机开关)跳闸,即发射机掉电。

能引起发射机开关跳闸的故障,应该是大电流组件损坏导致短路所引起。

首先检查发射机保险组件,从故障现象分析,低压正常、预热正常,证明各低压保险正常,灯丝以及磁场保险正常,风机保险亦正常。因此应着重检查 510 V 整流组件保险。经检查发现 3A2 保险损坏,相关电路图如图 7-17 所示。由此可发现引起 3A2 保险损坏的原因必定是其后级负载。

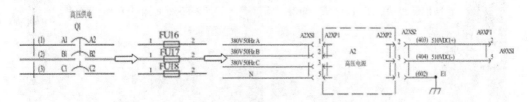

图 7-17　3A2 整流组件前置电路

从电路分析可知,3A2 保险后级有:电源变压器、3A2 组件、3A9 组件、3A10 组件、充电变压器 3A7T1、3A7T2 以及调制器组件,如图 7-18 所示。

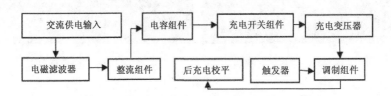

图 7-18　3A2 整流组件后级连接图

本着由易到难的原则,先检查整流组件 3A2、电容组件 3A9 均正常,各连接线无短路现象。充电变压器 3A7T1、3A7T2 阻值正常。因此应重点检查充电开关组件 3A10、调制器组件 3A12 组件。打开充电开关组件 3A10 检查,经检测发现有一路 IGBT 有短路现象,初步确定充电开关组件 3A10 有故障。为了进一步判断其余组件是否有故障,先把 3A2 保险更换,复原 3A2、3A9,把 3A10 拉出,加电检查各电压正常,510V 正常。检查触发器组件 3A11 正常,控制正常。因此基本确认 3A10 组件故障,更换 3A10 组件。

更换 3A10 后,断开油箱接口 E1,加高压正常。检查 E1 高压电缆到调制器接线,均无打火点。用摇表测量 3A12 调制器内充电二极管、放电二极管、SCR 可控硅、反峰二极管均正常。接回 E1,调低人工线电压。加高压正常,逐渐增大人工线至正常工作电压,无异常。运行拷机无报警,故障解除。

此次故障为大电流负载短路引起配电柜发射机开关跳闸,3A10 组件中的 IGBT 故障引起

510V 不受控制直接导通,造成 3A2 组件保险组件烧坏。注意此类情况应确保负载无故障后方可通电检验。

7.2 接收机系统

1. 2017 年 7 月 4 日阳江雷达机外标定信号源故障

2017 年 7 月 4 日凌晨,阳江雷达站强雷暴过境,如图 7-19 所示,1.5°低仰角反射率强度达到 57 dBZ,查看 6°高仰角反射率,如图 7-20 所示,强度比低层更强,达到 59 dBZ,说明此时雷达上空强回波伸展高度高,对流发展非常旺盛。随后雷达出现接收机通道噪声报警,雷达并未因此停机,仍旧可以运转,但雷达回波受到干扰,如图 7-21 所示,反射率回波异常。

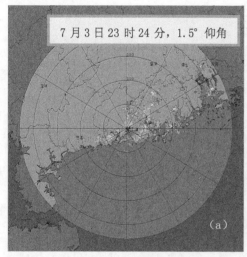

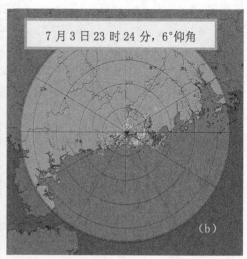

图 7-19　1.5°仰角反射率　　　　　　　图 7-20　6°仰角反射率

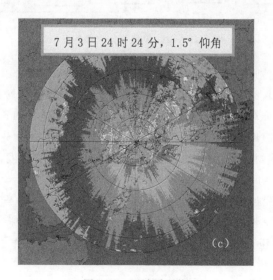

图 7-21　回波受干扰

本次故障所涉及相关报警信息如下：

ALARM 470HORI CHANNEL NOISE LEVEL DEGRADED：垂直通道噪声水平变差

ALARM 471VERT CHANNEL NOISE LEVEL DEGRADED：水平通道噪声水平变差

ALARM 469SYSTEM NOISE TEMP DEGRADED：系统噪声温度变差

由于雷达系统噪声有报警，与发射机无关，初步判定为接收主通道部件故障所致。

首先，对雷达进行冷启动，热机并重新对接收通道进行标定，报警依旧，排除虚警可能。

在 ASOM 平台发布雷达故障停机通知，并通过 notes 上报《阳江雷达紧急重大情况报告》。

做动态范围检查，如图 7-22 所示，测试显示接收机底噪过高，双通道底噪由正常时的－81 dB突增到－66 dB 和－72 dB 左右，图 7-23 为正常测试结果；用 RDASOT 平台做相位噪声测试，如图 7-24 所示，发现噪声系数和噪声温度严重超标。

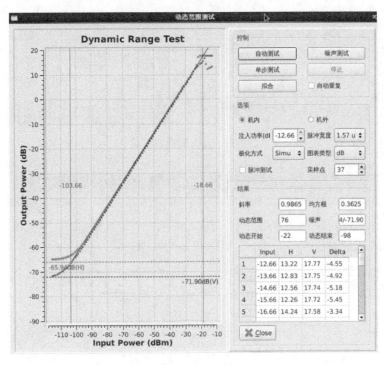

图 7-22　动态测试异常图

由于定位接收机主通道故障，因此首先逐一检查机房内接收机通道部件，用功率计逐级测量机房接收机通道内各组件输出，各级参数未见异常。

排除机房内接收通道部件故障后，对天线进行检查测量，发现在雷达大修及双偏振技术升级改造后期增加放置在天线馈源处的机外标定信号源受雷击损坏（如图 7-25 所示），由于当时无新的机外信号源替换，因此临时将其供电断开，暂时取消机内标定功能，待此次强对流天气过程服务结束后再更换新信号源。取消机内标定功能后于 7 月 4 日 11 时开机，雷达回波恢复正常，如图 7-26 所示雷达正常回波，其他标定结果也未见异常。

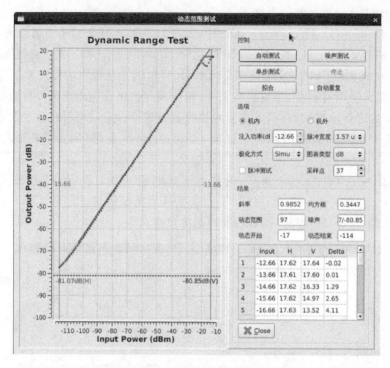

图 7-23　动态测试正常图

图 7-24　噪声系数测量

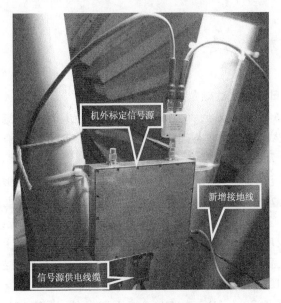

图 7-25   机外标定信号源

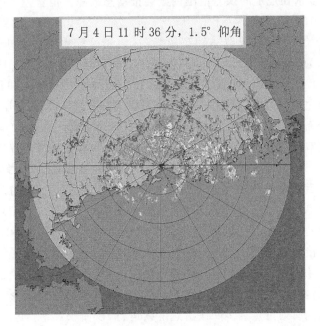

图 7-26   正常雷达回波

　　总结:机外标定信号源为雷达大修及技术升级改造后期新增的部分,防雷措施不够完善,尚未对其进行接地处理,当晚阳江强雷暴过境,机外标定信号源受雷击损坏,无法完全关断信号,导致信号泄漏干扰接收机,造成底噪抬高,回波异常。7 月 9 日,此次天气过程的气象服务结束后,敏视达公司技术人员到站更换新的信号源并调整适配参数,中国电子科技集团公司第五十四研究所技术人员到站调试驻波,对其进行接地处理。

7.3　天线伺服系统

1. 2017 年 9 月 11 日连州雷达轴角盒、上光纤板故障

2017 年 9 月 11 日 17 时 42 分至 20 时连州市雷达站受局地强对流天气影响,雷暴云团过境本站,致使多处开关跳闸。本次过程造成了机房交换机四个网口、推拉门、人影基地监控防雷器被雷击坏以及雷达天线罩内的轴角盒和上光纤板损坏。

2017 年 9 月 11 日 18 时开始出现闪码,18 时 36 分开始频繁出现天线座动态维护报警(340 PEDESTAL DYNAMIC MAINTAIN),但由于报警时间较短,报警自动清除,并未引起雷达停机或声光报警。这一现象持续至 9 月 12 日 08 时 07 分,由于天线角码跳码较为严重且恢复时间较长引发天线座动态故障继而强制待机(398 STANDBY FORCED BY INOP A-LARM),工作人员通过手动重启 rda 后恢复,此后大约每隔三个小时强制待机一次。9 月 12 日 15 时 36 分至 15 时 42 分出现一次产品缺角。

天线动态报警(PEDESTAL DYNAMIC FAULT)条件:计算机对天线发出变换仰角的命令之后 7.5 s 时,角度未在规定的误差范围内则会报动态故障。位置差<0.2°或者 0.9<实际速率/期望速率<1.015。

9 月 12 日 08 时 07 分出现天线座动态故障后,由于此前也多次出现天线座动态虚警报警,因此工作人员以为是虚警,故而对 rda 进行重启后继续运行。9 月 12 日 12 时 17 分动态报警再次出现,并强制停机,于是仔细查看各相关参数。通过查看基数据和日志文件,发现闪码情况比较严重,结合之前 9 月 11 日强雷暴过程,天线部分除轴角盒以及上下光纤板外,其余均实现了光电隔离,故而初步判断为轴角盒以及上、下光纤板故障。根据轴角盒电路原理图分析得知,其核心电路由双向总线发送器/接收器 74LS245、8 位移位寄存器 74LS165、差分线路驱动器 26LS31(或 26LS32)等芯片组成,没有光电隔离保护,易受感应雷影响。上光纤板的 P1 接口的天线座连锁(后接总线驱动器 74LS244 或者直接引入 PLD),P2 接口的接收机保护器命令(后接差分接收 AM26LS31C)与响应(后接差分接收 AM26LS33AC)、天线功率(后接运放 OP470),P3 接口的航警灯(后接总线驱动器 74LS244 或者直接引入 PLD)、天线罩温度(后接运放 OP470),P4 接口的±15V、5V 电源等信号部分容易受到感应雷影响。

图 7-27 为 2017 年 9 月 13 日 11 时 30 分更换轴角盒前的天线运行轨迹。

鉴于故障是由雷击损坏轴角盒和上、下光纤板,未对其他部件造成影响,于是向广东省气象局申请维修部件,同时通过重启 rda 让雷达继续运行,以便于观察。9 月 13 日 14 时 05 分,广东省气象局快递的轴角盒、光纤板已到雷达站。雷达站工作人员立即停机更换轴角盒,更换完毕后开机,雷达未出现报警,接着拷机运行 1 h,通过解析基数据以及日志文件发现,天线闪码情况仍然存在。

15 时 48 分,更换上光纤板,更换完毕后开机检查,未出现报警,天线闪码现象消失,拷机运行 1 h 后通过解析基数据以及日志文件发现闪码现象消失,但天线转速偏快。图 7-28 为 2017 年 9 月 13 日 17 时更换光纤板后的天线运行轨迹。

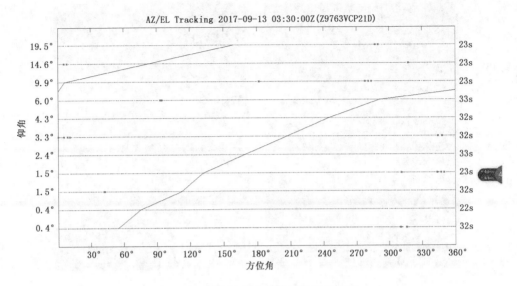

图 7-27　更换轴角盒前的天线运行轨迹

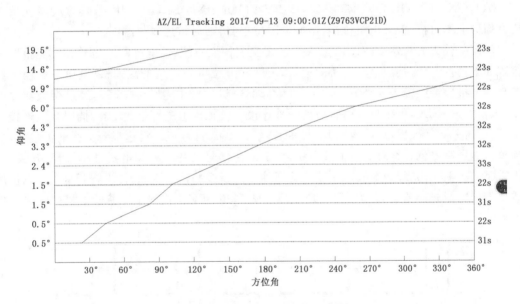

图 7-28　更换光纤板后的天线运行轨迹

　　工作人员通过讨论,一致认为是由于新部件运行时间短,不稳定,而后继续拷机运行。17时 21 分,雷达运转正常,故障修复。图 7-29 为维修场景。

　　总结:首先,本次故障持续时间较长,起先并没有明显的报警信息出现,运行时间久才导致停机,出现一两次的故障可以自复的也不应当忽视。值班人员应当查看各参数文件,找出报警原因;其次,故障查找应当遵循两个原则,一是结合故障出现最初诱因去初判故障,二是从报警出现的地方依次往上巡查,确认故障后使用本站已有的工具对故障进行排查。

2. 2016 年 10 月 21 日阳江雷达俯仰电机故障

2016 年 10 月 21 日,阳江雷达出现天线伺服系统俯仰电机故障,Rdasc 程序界面报警

图 7-29　维修现场

"ELEVATION MOTOR OVERTEMP, ELEVATION IN DEAD LIMIT"，具体故障现象为天线在俯仰上不可控，俯仰电机过温，俯仰电限位报警，随后雷达强制停机。

　　阳江新一代天气雷达 CINRAD/SA-D 属于交流伺服系统，其电机测速信号和过温报警信号流程如下：雷达交流伺服电机自带测速机，俯仰和方位电机产生的测速机、电机过温信号经由各自的电机反馈线缆进入交流功放单元（俯仰测速机信号中途须经滑环），经过交流功放的变生，该信号进入 DCU，在 DCU 内，该信号被连接到模拟板上进行位置闭环，同时也被连接到数字板上以备 A/D 采样，最后通过 DAU 底板送入 RDA 计算机。雷达报警俯仰电机过温，最终导致雷达强制停机。针对交流伺服系统，检查测速信号（模拟量）和电机过温报警（开关量）时不需要关注上\下光纤板等故障率较高的部件。由于报警信息明确，初步判断是俯仰电机故障或是俯仰电机过温报警传输线路出现故障。图 7-30 为交流伺服系统俯仰电机过温报警传输流程。

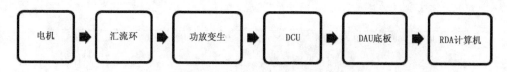

图 7-30　交流伺服系统俯仰电机过温报警传输流程

　　首先，对雷达进行冷启动，预热并重新对天线进行标定，天线震动严重，排除虚警可能。然后，在 ASOM 平台发布雷达故障停机通知，并通过 notes 上报《阳江雷达紧急重大情况报告》。

　　停机后进入天线俯仰仓检查，发现有烧焦味道，俯仰电机外壳温度过高，测量电机电源交流线圈电阻为无穷大，确定俯仰电机故障。把故障情况报告省局探测数据中心，10 月 22 日，省气象局探测数据中心和敏视达技术人员携带俯仰电机备件到雷达站，更换电机后重新启动雷达，发现天线在俯仰上依旧不受控制，且一直出现俯仰电机过温报警。

　　检查控制线路，检查滑环无问题，对调功放故障现象一样，重新插拔 DCU 数字板插头后天线可控，但俯仰电机过温的报警仍未清除。

　　去掉俯仰功放内部锁存电阻 R576,报警未消除,检查电机驱动信号传输正常,测试电机热敏电阻不正常,拆开电机线缆接线盒测量时发现过温报警线的转接头接触不良,重新更换转接头后正常,如图 7-31 所示。

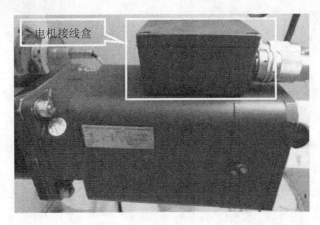

图 7-31

　　总结:DCU 数字板插头未连接好,导致俯仰功放工作不正常,因此运行天线震动引起线圈阻尼过大,导致俯仰电机过流烧毁。所更换的雷达配件新俯仰电机质量未达标,内部线路转接头有问题,导致维修多走弯路。

3. 2017 年 6 月 4 日梅州雷达天线冲顶故障

　　2017 年 6 月 4 日 16 时 34 分至 17 时 20 分雷达自动停机,俯仰角显示超过 90°,出现天线过冲,报天线动态错误等故障信息,图 7-32 为雷达 LOG 日志报警信息,图 7-33 为当时天线冲顶时图片,图 7-34 为故障时 RDASC 软件报警指示。

313	ELEVATION ENCODER LIGHT FAILURE
324	AZIMUTH ENCODER LIGHT FAILURE
336	PEDESTAL DYNAMIC FAULT
398	STANDBY FORCED BY INOP ALARM
651	SEND DAU COMMAND TIMED OUT
339	PEDESTAL UNABLE TO PARK
58	WAVEGUIDE ARC/VSWR
56	CIRCULATOR OVERTEMP
95	WAVEGUIDE HUMIDITY/PRESSURE FAULT
45	XMTR IN MAINTENANCE MODE
98	TRANSMITTER INOPERATIVE

图 7-32　报警信息

　　通过分析报警信息和故障现象判断有可能是上光端机电源里的 2PS1 生产标准变化,新的电压负载能力不足,供电不稳引起的天线冲顶;又有可能是方位、俯仰轴角盒损坏导致天线冲顶。

图 7-33　天线冲顶

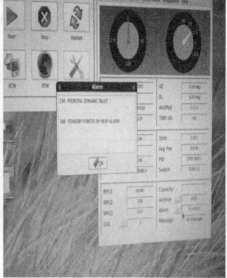

图 7-34　RDASC 软件报警

出现故障报警后,值班人员关掉 DAU 及天线伺服开关,发现天线冲顶。采用 RDASC 的平台不能把天线回到 PARK 正常位置,只能进到天线罩内采用俯仰手轮强行将天线摇到 PARK 位置。

进入天线罩对上光端机 2PS1 电源里的电压进行测试,测得最高一组电压为 5.2 V,最低一组为 5.0 V 属于正常范围,说明轴角盒供电无问题,故排除上光端机电源故障。图 7-35 为上光端电机内部结构图。

图 7-35　上光端机

通过对调方位和俯仰轴角盒来检查是否还会有冲顶现象,对调后发现依旧有冲顶现象,未能解决问题。由于轴角盒给数字控制单元的数字控制板(AP2)串行接口传输仰角、俯仰轴角的编码信号,所以可通过此串行接口来检查轴角盒的反馈信号。手工推动天线,用示波器检测

AP2 板 D25 接收器第 5 脚输出的俯仰轴角数据,波形连续变化,说明轴角盒俯仰环节和光纤链路正常;检测 D25 第 3 脚的方位轴角数据,波形不连续变化,有突然展宽或消失的现象。由此可将故障源定位为轴角编码盒俯仰环节。2017 年 7 月 4 日通过把旧的方位和俯仰的轴角盒全部更换,更换轴角盒后,重新检测其方位和俯仰轴数据的反馈波形,均连续变化,并且方位旋转变压器电压恢复正常。图 7-36 箭头位置为俯仰轴角盒的位置。至今未发现有天线冲顶故障。图 7-37 为方位轴角盒。

 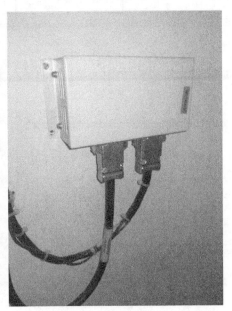

图 7-36　俯仰轴角盒　　　　　　　　　　　　图 7-37　方位轴角盒

　　总结:CINRAD/SA 雷达伺服系统分为直流和交流,早期建设的 SA 一般采用直流伺服系统,后期进行技术改进后采用了更加稳定、维护更加方便的交流变频数字伺服系统。直流伺服系统和交流伺服系统的天线角码信号流程分别如图 7-38 和图 7-39 所示,电机轴带动减速箱输入轴转动,减速箱输出齿轮与大齿轮啮合使天线分别绕俯仰轴、方位轴转动,进一步带动同步机运转,这是动力驱动部分,直流伺服与交流伺服相同。同步机带动旋变或光码盘使天线机械信号转变为角码数据信号,角码数据信号经过编码、传输等环节送入伺服监控单元。CINRAD/SA-D 雷达的交流伺服系统与直流伺服系统相比,有几点区别:(1)交流伺服的方位和俯仰支路各用一个独立的轴角编码盒和光码盘(代替直流的旋转变压器);(2)交流伺服采用三相交流永磁同步电机,用电子换向器代替机械换向器(碳刷),由于不存在碳刷磨损提高了伺服系统运行稳定性与可维护性,并在变频器中增加了速度、电流、脉宽等参数调整功能,满足了系统高动态响应要求;(3)直流伺服中俯仰角码信号先经汇流环后再跟方位角码信号一起送入轴角盒,而交流伺服中,交流的俯仰角码,是先经轴角盒编码后再到汇流环,然后送到上光纤板。所以交流伺服系统中的汇流环传输的是经轴角盒进行编码后的数字信号,而直流伺服系统中的汇流环传输的是模拟信号;(4)直流伺服系统中,上光端机供给直流轴角盒电压为+15 V,交流伺服系统中,上光端机供给交流轴角盒电压为+5 V;(5)交流电机的测速信号与直流电机测速信号传输路径不一样。直流伺服系统中的测速信号由直流电机自带的测速机产生,俯仰电机的测速机信号先通过汇流环传输,而后与方位电机的测速机信号一起经由直流轴角盒进入上光端机,通过光纤链路送入伺服监控单元;交流伺服系统的测速机信号经由各自的电机反馈线缆进入交流功放单元(俯仰测速机信号中途须经汇流环),经过交流功放的变生再进入伺服监控单。

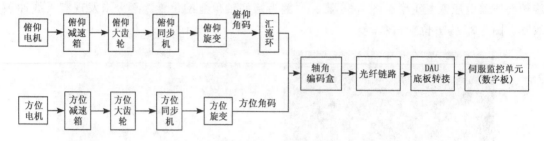

图 7-38   直流伺服系统天线角码信号流程

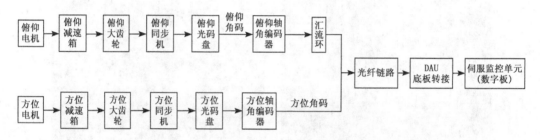

图 7-39   交流伺服系统天线角码信号流程

天伺系统信号链路上导致雷达定位出现偏差环节很多,随机性大,定位故障难度较大。在实际检修过程中,重点优先检测 DCU、同步箱、电机、减速箱、电轴轴向等,在排除重点环节的前提下,再对天线水平、旋转变压器、轴角盒等误差源进行排除,能更准确地判读误差原因。

工作环境的改进,在天线罩内增加抽湿机、循环风冷系统,若条件允许可加装抽湿机,防止过潮和高温,这样也可增加轴角盒的使用寿命。

雷达技术保障人员应深入了解雷达整个系统的工作流程,密切关注雷达产品,并熟练掌握信号流程中关键点的参数特征,对于快速排除雷达故障非常有用。

4. 2017 年 7 月 26 日梅州雷达天线滑环故障

2017 年 7 月 26 日 11 时 15 分,正常做完月维护开机,天线方位运转正常,但当仰到 1.4°时,雷达就出现待机状况,重复运行三次依然无法正常开机,未有报警文件生成。图 7-40 为当时雷达故障时数字控制单元显示的状态图。

通过分析雷达日志,初步怀疑是天线俯仰不到位导致的天线动态报警。

用 RDASOT 平台对天线俯仰定位判断误差,误差不超过 0.1°属于正常,如果超过 0.1°需要断开伺服强电进行拔码使其在 0.1°范围。实际定位发现误差仅为 0.02°,属正常范围。图 7-41 为当时对俯仰定位截图。

RDASOT 定位正常,而运行 RDASC 不正常,可能是滑环影响。要么是滑环潮湿,导致碳刷接触不良,要么就是擦的棉花有拉丝,或者是刚做完月维护对滑环进行了清洗后未风干。重新打开滑环用干棉花对滑环进行抹干,检查滑环两侧未见有棉花挂进去。待滑环里面干透再盖上滑环面板。等 0.5h 后重新开机,雷达正常开机。图 7-42 为清理抹干后的滑环。

图 7-40　数字控制单元故障显示图

图 7-41　RDASOT 对天线的定位图

图 7-42　清理后的滑环

　　总结:升级后双偏振雷达自检比单偏振雷达要求更高更精细,以前单偏振雷达擦洗完滑环后马上盖上开机不会有上述问题,而双偏振不行,所以建议以后用酒精清洗完滑环后最好再用干棉花把滑环周围再抹一遍,不要马上盖上滑环盖子,等自然风干后再盖上。

　　如滑环上有渗油,用不起毛抹布沾无水乙醇或电子清洁剂清洗滑环的表面油污,清洗时一人推动天线转动,一人在筒里面对刷槽进行清洁。直至整个滑环上的油污清洁干净为止,再用电吹风,吹干滑环表面有潮湿部位。

　　在清洁滑环的同时,注意观察筒体镀银表面有无烧伤、打火等现象要及时维修;清洁完成后再检查一遍,滑环槽内的碳刷块不能有跳槽现象,不能有螺钉和维护工具等其他金属物遗留在筒体里面,检查完后上好滑环盖板,拧紧螺钉,插上电缆插头并旋紧好。

5. 2015 年韶关一次雷达方位和俯仰同时闪码故障

当时,韶关雷达伺服系统的双偏振升级调试过程中出现了方位和俯仰同时闪码的现象。

在天线静止状态下,角码闪烁,有若干故障灯闪烁。根据常规思路,先检查方位和俯仰及报警状态的共有链路部分,即判断检查光纤通信、上下光纤板等部分是否正常以及上下光纤板的供电是否正常,然后检查测量光电码盘和轴角盒等部件,俯仰闪码还需要检查清洗滑环部件,如图 7-43 所示。

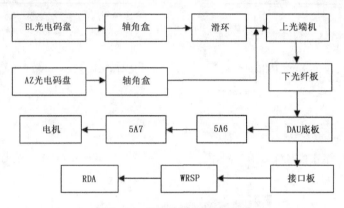

图 7-43 角码传输详细链路图

根据传输路径,先检查光纤通信、上下光纤板的供电、上下光纤板,清洗光纤头,发现在静止状态下角码报警灯不再闪烁,而在推动天线时,方位角码闪烁,俯仰角码不闪烁。然后测量方位光电码盘及轴角盒的供电和时钟信号,时钟信号的两路差分信号的输入波形正常。此时,对调俯仰和方位的轴角盒,再推动天线,仍然是方位闪烁,俯仰不闪烁,然后再对调俯仰和方位的光电码盘,再推动天线,仍然是方位闪烁,俯仰不闪烁。至此可以排除是光电码盘、轴角盒问题,而怀疑是上光纤板到方位轴角盒的电缆接线关系有问题。工作人员检测上光纤板到方位轴角盒的电缆接线,发现时钟信号的两路差分信号接反了,接线关系如图 7-44 所示,具体接线是图中左边图的 6 和 7 脚接到中间图的 45 和 46,和右边图的 Z 和 a 相接,在测量是发现线缆接反了。对调两路信号接线,此时,方位角码在推动时候角码不再闪烁。

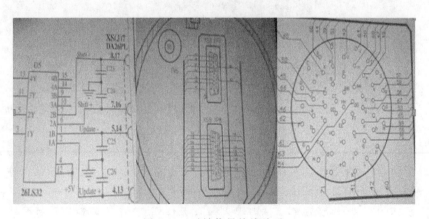

图 7-44 时钟信号接线关系

因未加功放滤波器,在开伺服强电后,方位偶尔闪烁,而俯仰频繁闪烁,是由于电机的供电干扰引起,在功放 5A7 中加入电源滤波后,角码不再闪烁,恢复正常。

6. 2017 年 1 月 6 日韶关雷达天线故障

2017 年 1 月 6 日凌晨,雷达天线有异响,在方位角度转动速度不匀速,时快时慢。

6 日早上首先尝试进行太阳法定标,发现无法进行,怀疑是方位的某个连接部位出现故障。在检测到方位同步箱时发现其与光电码盘的连接轴断了。在与广东省气象探测数据中心联系后,及时发送备件过来,在对其进行更换后天线恢复正常。

总结:方位同步箱与光电码盘连接轴断裂导致天线转动时无法保持同步而引起该故障。日常维护时应对连接部位进行检查,发现松动及时紧固处理。

7. 2017 年 3 月 27 日韶关雷达天线故障

2017 年 3 月 27 日凌晨 05 时 30 分(特殊情况停机,期间厂家人员在做实验),出现报警信息:

Mar 27 05:29:21.161765 Rdad[18353]:ALARM   336   PEDESTAL DYNAMIC FAULT

Mar 27 05:29:21.161908 Rdad[18353]:ALARM   398   STANDBY FORCED BY INOP ALARM

Mar 27 05:30:01.209092 Rdad[18353]:ALARM   339   PEDESTAL UNABLE TO PARK

Mar 27 05:31:01.819867 Rdad[18353]:ALARM   398   STANDBY FORCED BY INOP ALARM

报警天线动态,雷达停机,天线在俯仰角度不可控,平台可以自检,但是无法进行天线俯仰角度切换。

故障出现后,值班人员通过重启电源、计算机等多种方式无果之后上报故障。对电机、滑环等进行测量检查、对机房到天线座的通信线路亦进行检查,并无发现明显异常。于是再用平台进行控制,仍是俯仰角度不可控。遂怀疑是俯仰功放烧坏,于是对调方位与俯仰的功放,再用平台控制测试时,再次出现俯仰异常震动,在震动出现之后,再用平台控制俯仰角度切换,已无反应,判断功放再次烧坏。技术人员与公司联系,尽快发备件过来。3 月 28 日晚上 22 时带一个电机和两个功放到站。技术人员连夜对俯仰电机、方位、俯仰功放进行更换。在更换上两个功放和俯仰电机之后,于 29 日凌晨 4 时左右开机试运行。在运行了一个小时之后,于 5 时 12 分再次出现故障,俯仰功放再次烧坏。期间公司陆续发备件到站。31 日公司人员继续检查,使用测试工装从机房对整个天线链路进行测试,发现天线俯仰电机测速信号线缆有问题。1 日上午查出并确认是由于链路的信号传输出现问题,导致俯仰反馈信号出错引起。于是对线路进行检查,发现俯仰电机与滑环连接的 2A1A1W2 线缆线头被锈蚀造成部分连接线接触

图 7-45 2A1A1W2 线缆线头锈蚀情况

不良,联系公司赶做线缆。2—5 日进行天线罩补漏。4 日收到电缆之后对其进行更换,并再次更换上新的俯仰功放。5 日天线罩补漏结束后开机试运行,于 4 月 6 日 09 时 10 分结束故障,恢复正常运行。图 7-45 为 2A1A1W2 线缆线头锈蚀情况。

俯仰装置 2A1A1 的 W2 线缆对应的接线如表 7-1 所示。

表 7-1　俯仰装置 2A1A1 的 W2 线缆对应的接线表

线缆号	线号	连接点 I		连接点 II		导线、线缆型号及规格		长度	备 注
		项目代号	端子代号	项目代号	端子代号				
W1	1	XP1	1	XP5	1	RVVP 4×2.0 mm²	红	4 m	电机(U)
	2	XP1	2	XP5	2	RVVP 4×2.0 mm²	黄	4 m	电机(V)
	3	XP1	3	XP5	3	RVVP 4×2 mm²	蓝	4 m	电机(W)
	4	XP1	4	XP5	4	屏蔽皮		4 m	GND
	5	XP1	4	XP5	外壳	屏蔽层			电机屏蔽
W2	6								
	7	XP2	1	XP4	1	RVVP 12×0.2 mm²	白	4 m	RLGS
	8	XP2	2	XP4	2	RVVP 12×0.2 mm²	深绿	4 m	RLGT
	9	XP2	3	XP4	3	RVVP 12×0.2 mm²	黄	4 m	RLGR
	10	XP2	34	XP4	4	RVVP 12×0.2 mm²	红	4 m	P15
	11	XP2	40	XP4	5	RVVP 12×0.2 mm²	黑	4 m	M15
	12	XP2	20	XP4	6	RVVP 12×0.2 mm²	蓝	4 m	测速机 MP
	13	XP2	17	XP4	7	RVVP 12×0.2 mm²	粉	4 m	测速 T
	14	XP2	5	XP4	8	屏蔽皮		4 m	接地
	15	XP2	15	XP4	9	RVVP 12×0.2 mm²	浅绿	4 m	PTC1
	16	XP2	16	XP4	10	RVVP 12×0.2 mm²	浅蓝	4 m	PTC2
	17	XP2	18	XP4	11	RVVP 12×0.2 mm²	灰	4 m	测速 R
	18	XP2	19	XP4	12	RVVP 12×0.2 mm²	橙	4 m	测速 S

8. 2017 年 4 月 21 日韶关雷达天线故障

2017 年 4 月 21 日 18 时 40 分报警俯仰限位,雷达停机,天线俯仰不可控制。具体报警信息:

Apr 21 18:41:50.365045 Rdad[24240]: ALARM 311 ELEVATION — NORMAL LIMIT

Apr 21 18:41:50.549331 Rdad[24240]: ALARM 308 ELEVATION IN DEAD LIMIT

Apr 21 18:41:50.549466 Rdad[24240]: ALARM 398 STANDBY FORCED BY INOP ALARM

Apr 21 18:41:50.673076 Rdad[24240]: ALARM 341 PED SERVO SWITCH FAILURE

Apr 21 18:41:51.663013 Rdad[24240]: ALARM CLEARED 308 ELEVATION IN DEAD LIMIT

Apr 21 18:42:10.583007 Rdad[24240]:　ALARM　339　PEDESTAL UNABLE TO PARK

Apr 21 18:42:22.438458 Rdad[24240]:　ALARM CLEARED 341　PED SERVO SWITCH FAILURE

Apr 21 18:42:44.091019 Rdad[24240]:　ALARM　341　PED SERVO SWITCH FAILURE

Apr 21 18:42:53.693590 Rdad[24240]:　ALARM　471　SYSTEM NOISE TEMP DEGRADED

故障出现后,技术人员以最快速度到站对故障原因进行检查,首先尝试用测试平台对天线进行控制,发现俯仰不可控,测量俯仰电机内阻、测速信号均正常,遂更换 5A6DCU 的模拟板、数字板无效果,初步确认为俯仰功放故障。由于上次故障对调功放时引起功放烧毁,慎重起见,本次没有进行功放调换测试。22、23 日雷达站技术人员继续对故障原因进行查找,判断是由于功放烧坏引起。公司人员 24 日到站,经检查之后对俯仰功放进行更换,晚上 23 时之后拷机运行。5 月 1 日 13 时关闭故障恢复运行。

9. 2017 年 5 月 8 日韶关雷达天线故障

2017 年 5 月 08 日 15 时 02 分报警天线动态故障,天线俯仰死区限位,俯仰运动不正常(有时震动较大)。具体报警信息:

May　8 15:02:35.445907 Rdad[32610]:　ALARM　336　PEDESTAL DYNAMIC FAULT

May　8 15:02:35.446386 Rdad[32610]:　ALARM　398　STANDBY FORCED BY INOP ALARM

May　8 15:03:05.409572 Rdad[32610]:　ALARM　311　ELEVATION－NORMAL LIMIT

May　8 15:03:05.645761 Rdad[32610]:　ALARM　308　ELEVATION IN DEAD LIMIT

May　8 15:03:05.645873 Rdad[32610]:　ALARM　398　STANDBY FORCED BY INOP ALARM

May　8 15:03:05.769322 Rdad[32610]:　ALARM　341　PED SERVO SWITCH FAILURE

May　8 15:03:06.781576 Rdad[32610]:　ALARM CLEARED 308　ELEVATION IN DEAD LIMIT

May　8 15:03:07.973863 Rdad[32610]:　ALARM CLEARED 311　ELEVATION－NORMAL LIMIT

May　8 15:03:37.374389 Rdad[32610]:　ALARM　339　PEDESTAL UNABLE TO PARK

故障出现后,雷达站人员快速到位。首先检查俯仰电机测速驱动信号,正常。更换 DCU 模拟板,检查光电码盘电压、连接轴、各电缆接头,故障现象依旧。在断掉 5A6,DAU 电源之后,检查 DAU 板、光纤板之后开电控制天线时,故障消失,于 17 时 30 分雷达恢复运行。10 日 09—23 时站上人员配合公司人员对并滑环进行更换,晚上拷机。11 日 11 时故障关闭恢复运行。

本次故障检查时因断电引起故障恢复,无法找到具体故障点,后期检查也未检查到具体存在故障的地方。

10. 2017 年 5 月 24 日韶关雷达天线故障

2017 年 5 月 24 日 00 时 50 分报警天线动态,俯仰无法控制。具体报警信息:

May 24 00:49:12.499887 Rdad[11366]: ALARM 336 PEDESTAL DYNAMIC FAULT

May 24 00:49:12.500054 Rdad[11366]: ALARM 398 STANDBY FORCED BY IN-OP ALARM

May 24 00:49:32.538078 Rdad[11366]: ALARM 339 PEDESTAL UNABLE TO PARK

故障发生后值班人员对天线进行控制检查,发现方位可控,俯仰不可控,故障现象与以往相同。首先对俯仰电机各路信号进行测试、检查,正常,然后更换 DCU 模拟板、数字板,故障依旧;更换上下光纤板仍无效;对调方位与俯仰功放,故障现象依旧,于是上报故障。省气象局和公司技术人员于 24 日晚上 22 时 10 分到站。当天晚上对滑环与线路进行检查,基本正常。怀疑是俯仰电机烧坏,遂进行对俯仰电机进行更换,由于需要对新电机的轴、插销进行打磨,至深夜仍没能成功换上。25 日早上更换好电机之后故障依旧;对轴角编码盒等进行更换亦无效果。拆开 5A7 对线路进行逐一检查,在查到俯仰电机的反馈信号线时发现信号不稳定,时有时无,继续检查,最后确认是 5A7 的 XT2－A4 接地线缆接触不良引起。在重新焊接之后天线俯仰故障排除。

故障原因:功放单元 5A7 的 XT2－A4 线缆接头接触不良引起俯仰反馈信号传输故障。松脱的接线如图 7-46 所示。

图 7-46　功放单元(5A7)接地线松脱

其在功放单元接线表中的定义如表 7-2 所示。

表 7-2　功放单元接线表

线缆号	线号	连接点 I		连接点 II		导线、线缆 型号及规格	长度	备注
		项目代号	端子代号	项目代号	端子代号			
	106	XT2	B1	XT2	B2	ASTVR 0.2 mm² 红		
	107	XT2	B3	XT2	B4	ASTVR 0.2 mm² 黑		
	108	XT2	B3	PE		ASTVR 1.5 mm² 黑		机壳地
	109	XT2	B4	K1	INPUT(－)	ASTVR 0.2 mm² 黑		
	110	XT2	A5	K1	INPUT(＋)	ASTVR 0.2 mm² 红		3ø信号
	111	XT2	A6	XP15	2	ASTVR 0.2 mm² 白		电(＋)
	112	XT2	A7	XP15	1	ASTVR 0.2 mm² 白		电(－)
	113	XT2	B9	XT2	B10	ASTVR 0.35 mm² 黄		－220 V
	114	XT2	A9	M1	1	ASTVR 0.2 mm² 黄		前风扇 220 V
	115	XT2	A10	M2	1	ASTVR 0.35 mm² 黄		后风扇 220 V
	116	XT2	B11	XT2	B12	ASTVR 0.35 mm² 绿		－220 V RTN
	117	XT2	A11	M1	2	ASTVR 0.35 mm² 绿		前风扇 220 V
	118	XT2	A12	M2	2	ASTVR 0.35 mm² 绿		后风扇 220 V
	119	XT2	A4	XP11	1	ASTVR 0.2 mm² 黑		AZ 电(－)

11. 2017 年 6 月 4 日韶关雷达天线故障

2017 年 6 月 04 日 03 时 20 分报警天线俯仰限位,在用平台进行控制时,俯仰角度震动较大,天线无法正常运行。报警信息:

Jun　4 03:05:39.581324 Rdad[18958]: ALARM　311　ELEVATION － NORMAL LIMIT

Jun　4 03:05:39.941191 Rdad[18958]: ALARM　308　ELEVATION IN DEAD LIMIT

Jun　4 03:05:39.941296 Rdad[18958]: ALARM　398　STANDBY FORCED BY INOP ALARM

Jun　4 03:05:40.391154 Rdad[18958]: ALARM　341　PED SERVO SWITCH FAILURE

Jun　4 03:05:41.110991 Rdad[18958]: ALARM CLEARED 308　ELEVATION IN DEAD LIMIT

Jun　4 03:05:41.470835 Rdad[18958]: ALARM　305　ELEVATION MOTOR OVERTEMP

Jun　4 03:05:52.943319 Rdad[18958]: ALARM CLEARED 305　ELEVATION MOTOR OVERTEMP

Jun　4 03:06:12.334345 Rdad[18958]: ALARM　339　PEDESTAL UNABLE TO PARK

Jun　4 03:06:24.166004 Rdad[18958]: ALARM CLEARED 341　PED SERVO SWITCH FAILURE

Jun　4 03:06:34.063760 Rdad[18958]:　　ALARM　341　PED SERVO SWITCH FAILURE

Jun　4 03:06:34.063898 Rdad[18958]:　　ALARM　398　STANDBY FORCED BY INOP ALARM

故障发生后值班人员对天线进行控制检查,发现方位可控,俯仰不可控,故障现象与以往相同。然后对俯仰电机各路信号进行测试、检查,检查结果看起来也是正常。更换 DCU 模拟板和数字板、更换 DAU 模拟板和数字板,故障依旧。用平台对天线进行控制时,发现天线震动明显,在开机运行时,天线在高角度切换时出现明显的过冲和天线俯仰角度上下摆动现象,之后出现报警并强制停机。后来保障人员到天线罩内检查,发现天线罩顶门上有水漏下,且正好漏进俯仰仓内,可看到明显水迹。与公司联系后,按其要求检查线缆,发现 2A1A1W2 线缆与滑环连接一头在拆开线缆航空头之后内部有水,如图 7-47 所示,把接头倾侧之后水可滴出。用电吹风吹干之后发现已出现锈蚀且有一根线头已断,如图 7-48、图 7-49 所示。公司技术人员晚上 21 时 50 分到站后对线缆进行更换后,天线恢复正常。在拷机过程中,于 7 日凌晨 02 时 16 分出现天线动态故障报警,但后来公司技术人员到站检查后,重新开启即可正常运行。8日下午开始拷机运行,至 9 日 10 时 10 分故障关闭恢复运行。表 7-3 为俯仰装置 W2 线缆接线具体含义。

图 7-47　线头内部进水　　　　　　　　图 7-48　线头内部出现锈蚀

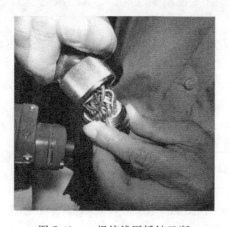

图 7-49　一根接线因锈蚀已断

表 7-3　俯仰装置 W2 线缆接线表

线缆号	线号	连接点 I		连接点 II		导线、线缆型号及规格	长度	备　注
		项目代号	端子代号	项目代号	端子代号			
W1	1	XP1	1	XP5	1	RVVP 4×2.0 mm² 红	4 m	电机(U)
	2	XP1	2	XP5	2	RVVP 4×2.0 mm² 黄	4 m	电机(V)
	3	XP1	3	XP5	3	RVVP 4×2 mm² 蓝	4 m	电机(W)
	4	XP1	4	XP5	4	屏蔽皮	4 m	GND
	5	XP1	4	XP5	外壳	屏蔽层		电机屏蔽
W2	7	XP2	1	XP4	1	RVVP 12×0.2 mm² 白	4 m	RLGS
	8	XP2	2	XP4	2	RVVP 12×0.2 mm² 深绿	4 m	RLGT
	9	XP2	3	XP4	3	RVVP 12×0.2 mm² 黄	4 m	RLGR
	10	XP2	34	XP4	4	RVVP 12×0.2 mm² 红	4 m	P15
	11	XP2	40	XP4	5	RVVP 12×0.2 mm² 黑	4 m	M15
	12	XP2	20	XP4	6	RVVP 12×0.2 mm² 蓝	4 m	测速机 MP
	13	XP2	17	XP4	7	RVVP 12×0.2 mm² 粉	4 m	测速 T
	14	XP2	5	XP4	8	屏蔽皮	4 m	接地
	15	XP2	15	XP4	9	RVVP 12×0.2 mm² 浅绿	4 m	PTC1
	16	XP2	16	XP4	10	RVVP 12×0.2 mm² 浅蓝	4 m	PTC2
	17	XP2	18	XP4	11	RVVP 12×0.2 mm² 灰	4 m	测速 R
	18	XP2	19	XP4	12	RVVP 12×0.2 mm² 橙	4 m	测速 S

12. 2017 年 6 月 11 日韶关雷达天线故障

2017 年 6 月 11 日 11 时 50 分报警天线动态故障,雷达停机,俯仰无法控制。报警信息:

Jun 11 11:50:46.414025 Rdad[18959]: ALARM 336 PEDESTAL DYNAMIC FAULT

Jun 11 11:50:46.414199 Rdad[18959]: ALARM 398 STANDBY FORCED BY IN-OP ALARM

Jun 11 11:51:06.479583 Rdad[18959]: ALARM 339 PEDESTAL UNABLE TO PARK

故障出现后,保障人员及时到站,对电机驱动和速度反馈信号电阻进行检查,正常。平台控制天线,方位正常,俯仰异常。方位从 0°、30°、60°,一直到 330°控制,转 RHI 模式,在 0°和 180°位置时,俯仰有异常现象,保障人员判断故障原因为俯仰电机反馈信号异常,遂对滑环进行检查、清理,发现滑环俯仰电机信号线 XB1-13 脱落,重新焊接,如图 7-50 所示。再进行平台控制,0°和 180°控制 RHI 运行,未发现异常,于 11 日 16 时拷机运行。12 日厂家人员对天线罩漏水部位进行补漏处理,故障于 13 日 09 时关闭,恢复正常运行。

故障原因:滑环信号线 XB1-13 脱落导致信号传输故障,表 7-4 为 XB1-13 为测速信号具体含义。

图 7-50　经过重新焊接后的 XB1-13

表 7-4　汇流装置接线表定义的 XB1-13 为测速信号

线缆号	线号	连接点 I		连接点 II		导线、线缆型号及规格	长度	备注
		项目代号	端子代号	项目代号	端子代号			
1	1	XB1	1	XS1	1	RVVP2×2.5		电机（U）
	2	XB1	3	XS1	3	RVVP2×2.5		电机（W）
	3	XB1	5	XS1	4	屏蔽层		
2	4	XB1	2	XS1	2	RVVP2×2.5		电机（V）
	5	XB1	4	XS1	4	屏蔽层		
3	6	XB1	6	XS3	1	RVVP4×0.3 mm² 红		电机 RLGS
	短接线	XB1	6	XB1	8	ASTVRP0.3 mm² 红		电机 RLGS
	8	XB1	10	XS3	3	RVVP4×0.3 mm² 黄		电机 RLGR
	短接线	XB1	10	XB1	12	ASTVRP0.3 mm² 黄		电机 RLGR
	10	XB1	14	XS3	18	RVVP4×0.3 mm² 兰		测速 R
	短接线	XB1	14	XB1	16	ASTVRP0.3 mm² 兰		测速 R
	12	XB1	18	XS3	20	RVVP4×0.3 mm² 绿		测速 MP
	短接线	XB1	18	XB1	20	ASTVRP0.3 mm² 绿		测速 MP
4	14	XB1	7	XS3	2	RVVP4×0.3 mm² 红		电机 RLGT
	短接线	XB1	7	XB1	9	ASTVRP0.3 mm² 红		电机 RLGT
	16	XB1	11	XS3	17	RVVP4×0.3 mm² 黄		测速 T
	短接线	XB1	11	XB1	13	ASTVRP0.3 mm² 黄		测速 T

第 8 章　双通道一致性标校

8.1　机内标校

CINRAD/SA-D 雷达有两个专门用于标校的信号源,一个是位于机房接收机的频率源 J3,用于接收机主通道的标校。另外一个是位于天线上的信号源,用于接收机全链路标校。

8.1.1　接收机主通道

该标校方法是检验接收机主通道双通道一致性,利用频率源 J3 输出的 CW 信号经过接收机测试通道后,进入二路功分器,功分成两路等强度的信号,分别送入水平和垂直接收主通道,经过低噪声放大器和混频/前置中频放大器变成中频信号后送入信号处理单元,经信号处理器得到水平和垂直通道信号强度的差值为接收机双通道系统偏差 $Z_{dr_{RX}}$,两路信号相位差值为 $\Phi_{dp_{RX}}$,计算 $Z_{dr_{RX}}$ 和 $\Phi_{dp_{RX}}$ 的标准方差(指标要求:$Z_{dr_{RX}}$ 标准差≤0.2 dB,$\Phi_{dp_{RX}}$ 标准差≤3°)。

$Z_{dr_{RX}}$ 及 $\Phi_{dp_{RX}}$ 取值范围:低端取信噪比≥20 dB,高端取接收机注入信号幅度为 -30 dBm 信号。

(1)对双通道动态曲线差分,检验接收双通道一致性,如图 8-1、图 8-2、图 8-3 所示。

(2)动态测试结果(表 8.1)。

24 h 考机期间,记录每个体扫的 CW Z_{dr} 和 CW Φ_{dp} 标定数据,做出 CW Z_{dr} 和 CW Φ_{dp} 随时间变化的曲线(横坐标为体扫序号),监测接收双通道的长期稳定性,如图 8-4 和图 8-5 所示。

表 8-1　CW Z_{dr} 和 CW Φ_{dp} 动态曲线数据

CW Z_{dr} 动态曲线数据		CW Φ_{dp} 动态曲线数据	
标准差(dB)	0.0051	标准差(°)	0.0749
平均值(dB)	-0.3038	平均值(°)	33.339

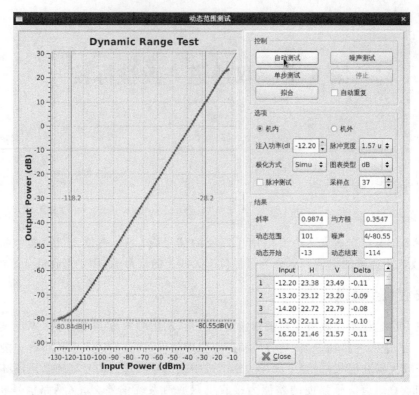

图 8-1 双通道动态曲线对比图

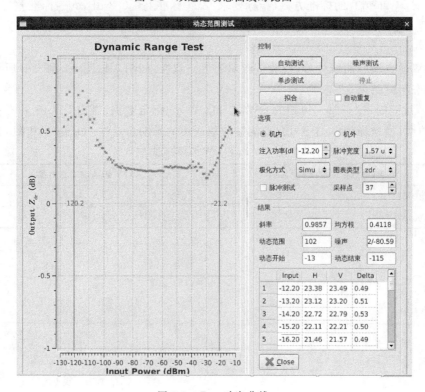

图 8-2 $Z_{dr_{RX}}$ 动态曲线

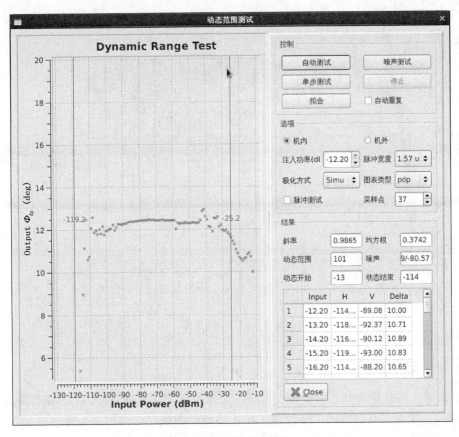

图 8-3　$\Phi_{dp_{RX}}$ 动态曲线

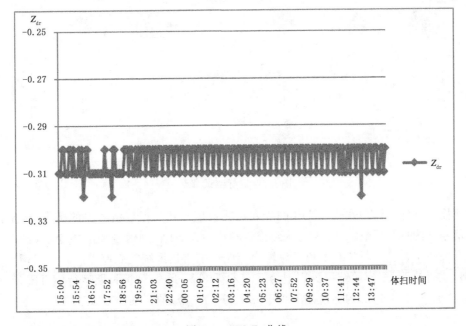

图 8-4　CW Z_{dr} 曲线

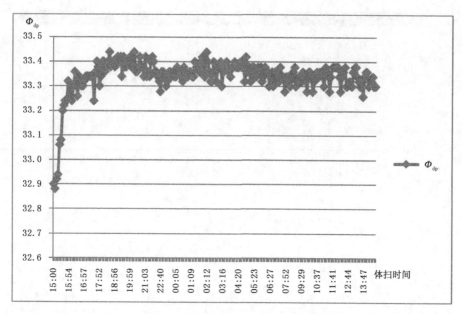

图 8-5　CW Φ_{dp} 曲线

8.1.2　接收机全链路

在天线罩内的俯仰关节之上安装一个可以受控的标定信号源，信号源的输出幅度不小于 0 dBm，工作频率为雷达站点的工作频率。在线标定的测试信号由图 8-6 所示的 C 和 D 口从定向耦合器的耦合端注入，经过关节、馈线和接收机进入信号处理器。

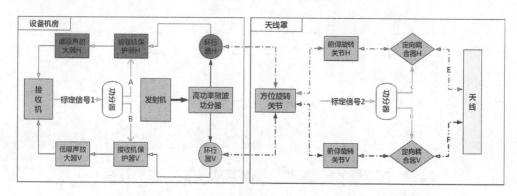

图 8-6　定标测试节点

雷达控制软件在体扫开始和 PPI 间隔发送标定信号开和标定信号关的指令，标定信号源在收到信号开的指令后，在 10 ms 内达到稳定输出状态，在收到信号关的指令后，在 10 ms 内达到完全关断状态。关断状态下信号源输出不能影响雷达系统的底部噪声。在线标定结果记录在 Log 文件夹下，标定的结果分别记为 TS_Z_{dr} 和 TS_Φ_{dp}。分析长期运行中 TS_Z_{dr} 和 TS_Φ_{dp} 的稳定度，要求 TS_Z_{dr} 的标准差不大于 0.2 dB，TS_Φ_{dp} 的标准差不大于 3°。

8.2　机外标校

机外标校主要是利用外界而非雷达自身作为信号源进行对雷达性能进行标校。双偏振雷达水平和垂直通道一致性机外标校主要包括太阳法、小雨法和金属球法、机外信号源法等。由于机外信号源法受距离、选址等多种因素的制约,实际操作难度较大,一般在雷达安装调试完毕后测量天线指标时由厂家完成,该方法本文不再赘述。

8.2.1　太阳法

太阳法检验双偏振雷达双通道的一致性最容易操作,缺点是只能对接收通道进行检验。太阳法的具体操作方法见"4.5.1 位置精度"章节。

根据太阳法测试结果,分析水平和垂直从天馈线到信号处理器接收通道全链路的一致性情况,由于受天气、太阳和雷达相对位置、做太阳法的时间等影响,其差值仅作为参考,但一般接收全链路不含天线罩差值应不超过 1 dB,考虑天线罩两个极化的增益差异,不超过 2 dB,差值过大可能是雷达本身的问题。

8.2.2　小雨法

小雨法标定能够对发射通道、接收通道等全链路进行检验,又称为天顶标定,即在小雨时,根据雨滴在水平和垂直方向对称性的属性,天线垂直指向 90°,方位 360°扫描可以得到系统 Z_{dr} 的平均值应该为 0 dB。但在较强的风切变情况下也可能引起粒子存在某种定向排列,导致天顶标定的测量误差,所以小雨天气的选择很重要。

在 RDASOT 诊断软件界面下可以选择天顶标定功能,如图 8-7 所示,点击"天顶标定"进入图 8-8 所示的"天顶标定"功能控制界面。

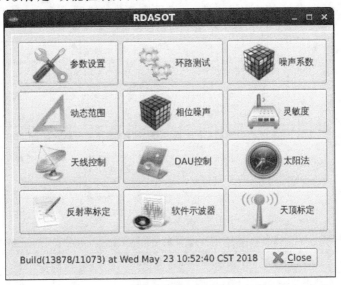

图 8-7　小雨法标定软件

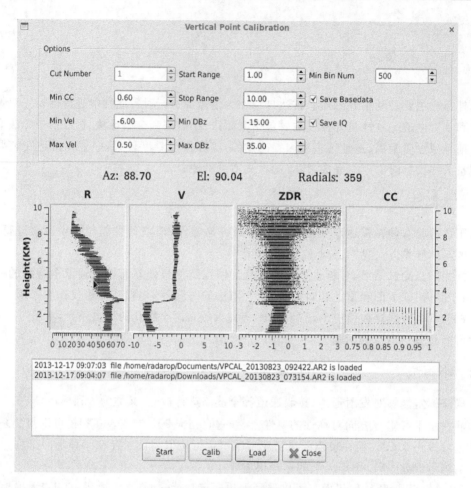

图 8-8　小雨法标定软件界面

图 8-8 软件界面中有很多参数设置选项,详见表 8-2 的说明。

表 8-2　小雨法标定参数设置

选项名称	参数设置	单位	参数说明
Cut 个数	1	个	360°方位扫描次数,可以选择多个 cut 个数增加数据量
起始距离	1	km	参与 Z_{dr} 计算的径向数据起始距离,要求大于雷达盲区,并大于雷达的天线波束形成距离
结束距离	10	km	参与 Z_{dr} 计算的径向数据结束距离,要求结束距离不要超过零度层(融化层)高度
最小库数	500	个	满足参数要求的最小距离库数量,可以根据 cut 个数适当增加满足参数设置条件的库数
CC 最小值	0.60	无	参与 Z_{dr} 计算的协相关系数最小值,通常选择≥0.95 以上数据参与计算
Vel 最小值	−6.00	m/s	参与 Z_{dr} 计算的径向速度最小值
Vel 最大值	0.50	m/s	参与 Z_{dr} 计算的径向速度最大值
dBZ 最小值	−15.00	dB	参与 Z_{dr} 计算的反射率因子最小值
dBZ 最大值	35.00	dB	参与 Z_{dr} 计算的反射率因子最大值

小雨法标定步骤如下：

（1）首先确认小雨法标定体扫配置是否正常，可以用体扫编辑程序 vcpdz 命令查看体扫文件"/opt/rda/config/tasks/VPCAL"，如果不存在可以从 config_default 目录拷贝，并且根据需要进行编辑。图 8-9a 和图 8-9b 为天顶标定体扫表的配置界面，为了提高样本个数，降低了体扫方位转速，提高了 PRF；为了减少基数据和 I,Q 数据的大小，最大距离选择 20 km。

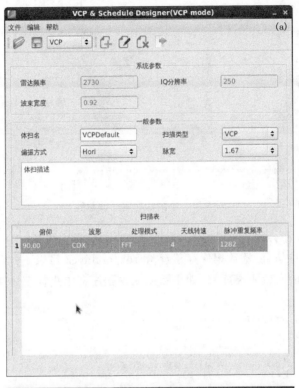

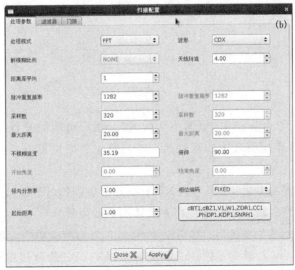

图 8-9　小雨法标定体扫配置界面

（2）打开天顶标定对话框如图 8-8 所示，按照表 8-1 的参数设置配置各项参数，点击"Start"，开始天顶标定，等待体扫完成。在扫描过程中程序会显示当前角度和径向数，如图 8-10 所示。体扫结束时程序会显示回波 R,V,Z_{dr}、CC 的垂直廓线，如图 8-11 所示。

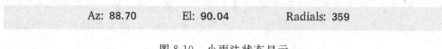

图 8-10　小雨法状态显示

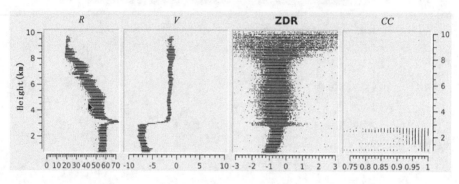

图 8-11　小雨法标定回波廓线

（3）扫描结束后程序会输出标定结果，如图 8-12 所示，其中包括：

①保存基数据文件信息，基数据保存于/opt/rda/archive2 目录下；

②根据设定得到的有效距离库数，如果数据太少程序会中止标定过程，需要重新选择合适天气或数据进行；

③天顶标定 Z_{dr} 和 $PHIDP$ 的偏差；

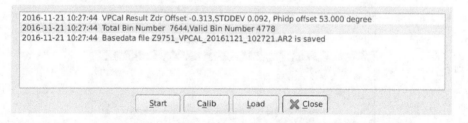

图 8-12　小雨法标定结果

④调整参数重新计算标定结果，根据不同的天气，用户可能需要调整表 8-1 中标定参数，比如根据实际数据选择零度层之下的有效数据。调整完参数后可以点击"Calib"按钮重新计算标定结果；

⑤确认标定 Z_{dr} 偏差有效后，将其录入 RDASC 适配数据的 SP11，如图 8-13 所示。更改后不需要重启 RDASC 程序，新适配数据将在下个体扫自动生效。

参与 Z_{dr} 标定计算的数据要选在 0℃层以下，图 8-9 为一次成功的天顶标定实例，按照小雨的特征 CC 应该选择≥0.97，径向速度 Vel 和反射率因子 dBZ 的范围根据小雨无风天气特征进行设置。对于 S 波段新一代天气雷达盲区为 1.0 km，天线波束形成距离为 1.5 km，所以最终确定起始距离为 1.5 km。数据分析区域中的"反射率因子 R""差分反射率 Z_{dr}"和"协相关

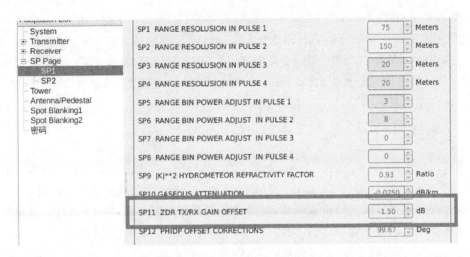

图 8-13　RDASC 适配数据

系数 CC"在垂直距离约 4.7 km 处发生了突变,这个突变的高度为融化层高度。所以结束距离设置为 4.5 km(距离分辨率为 0.25 km),没有超过融化层高度。

　　天顶标定结束后,标定结果显示在图 8-14 所示下面的对话框内,第一组天顶标定结束的

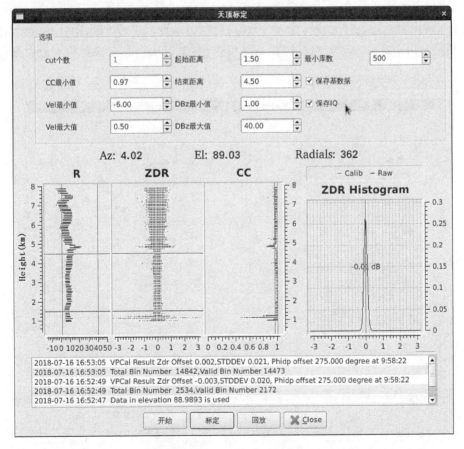

图 8-14　小雨法标定实例

时间为 2018 年 7 月 16 日 16 时 52 分 49 秒,标定结果(VPCal Result Zdr Offset)为 -0.003 dB,有效的距离库数(Valid Bin Number)为 2172 个,满足设置的大于 500 个的要求。第二组天顶标定结束的时间为 2018 年 7 月 16 日 16 时 53 分 05 秒,标定结果(VPCal Result Zdr Offset)为 0.002 dB,有效的距离库数(Valid Bin Number)为 14473 个,满足设置的大于 500 个的要求。两次标定结果均满足≤0.2 dB 的指标要求。

8.2.3　金属球

金属球选择条件:尺寸:直径 10 cm;材料:空心球外贴一层铝箔;放飞仰角:0.5°~1.5°,避开地物干扰;球到天线距离:2~3 km,大于雷达盲区 1.0 km 和天线波束形成距离 1.5 km。

放球方式对比:(1)氢气球吊金属球,氢气球需几百米长系留绳,太长,系留绳的重量较大,球和气球间要有几米的距离,使两者回波分开。(2)风筝吊金属球,风筝能放飞时,风较大,球会随风而动。(3)无人机吊球,球定位后,雷达做体扫找球,实验过程至少要 1 h 以上,无人机续航能力是瓶颈。

放球要求:球定位后,尽量静止。

雷达扫描方式:双偏振雷达天线以金属球的仰角做 PPI 扫描,以金属球的方位作 RHI 扫描,全体扫。RDASOT 中 ASCOPE 内可以存基数据与 I,Q 数据,并控制天线进行 PPI、RHI 扫描。也可以自主配置体扫模式,配置体扫仰角、速度,把体扫模式文件放入 config 文件夹内即可。

对于双偏振雷达,点击"天线",进入"天线控制"窗口,可以进行 PPI、RHI 扫描,如图 8-15、图 8-16 所示。由于实验中球的相对位置不尽相同,多个雷达产品在根据距离公式修订后,可做一致性对比。

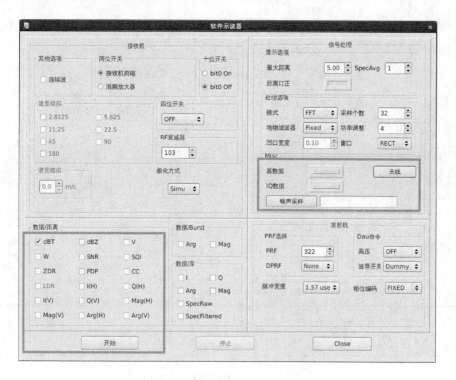

图 8-15　利用 ASCOPE 进行扫描

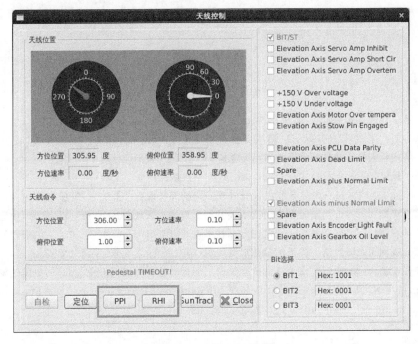

图 8-16　天线扫描控制

对于单偏振雷达,不能控制天线进行 PPI、RHI 扫描,需要向公司订制软件版本,将"天线控制"挂接在 ASCOPE 上,很容易实现。

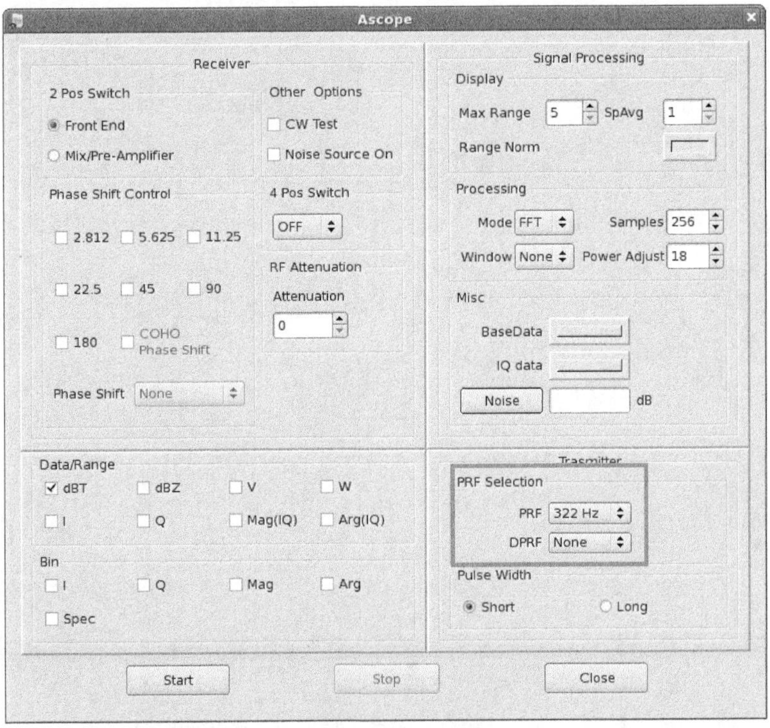

图 8-17　发射脉冲重复频率设置

参考文献

敖振浪,2017.新一代天气雷达[M].北京:气象出版社.

郭泽勇,梁国锋,曾广宇,2015.CINRAD/SA 雷达业务技术指导手册[M].北京:气象出版社.

潘新民,2017.新一代天气雷达故障诊断技术与方法[M].北京:气象出版社.

邵楠,2018.新一代天气雷达定标技术规范[M].北京:气象出版社.

中国气象局,2018. QX/T 464—2018 S 波段双线偏振多普勒天气雷达[S].北京:气象出版社.

中国气象局综合观测司,2016.气象观测专用技术装备测试方法－天气雷达(试行)[Z].北京:中国气象局.

中国气象局综合观测司,2016.新一代天气雷达定标技术说明(CINRAD/SA)[Z].北京:中国气象局.

中国气象局综合观测司,2018.新一代天气雷达观测规定(第二版)[Z].北京:中国气象局.

中国气象局综合观测司,2018.新一代天气雷达系统出厂和现场验收测试大纲[Z].北京:中国气象局.

eliga T A, Bringi V N, 1976. Potential use of radar differential reflectivity measurements at orthogonal polarizations for measuring precipitation[J]. J Appl Meteor,15:69-76.